TURING 图灵新知

[韩] 张志雄 ——————— 著
李光哲 ——————— 译
金智慧 ——————— 审

超简单超有趣的
微积分入门

蚂蚁微积分

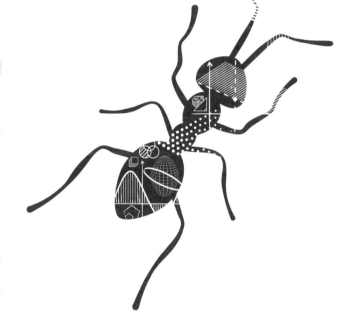

人民邮电出版社
北 京

图书在版编目（CIP）数据

蚂蚁微积分：超简单超有趣的微积分入门 / （韩）
张志雄著；李光哲译. -- 北京：人民邮电出版社，
2024.6
（图灵新知）
ISBN 978-7-115-64182-3

I. ①蚂… II. ①张… ②李… III. ①微积分－普及
读物 IV. ①O172-49

中国国家版本馆CIP数据核字(2024)第083972号

内 容 提 要

本书是一本非常有趣的微积分入门参考书，它从蚂蚁的视角来讲解微积分。当打开本书时，你会发现蚂蚁无处不在。借助小小的蚂蚁，本书将微积分的核心概念和原理用最简单、最有趣、最容易理解的方式呈现了出来。无论是初次学习微积分的学生，还是学习过微积分却一知半解的学生，抑或是希望重新梳理微积分知识的读者，都能从这本书中有所收获。它将帮助你更通透地理解微积分，理解数学，帮助你在数学等科目的学习中变得更从容自信。

◆ 著　　　　［韩］张志雄
　　译　　　　李光哲
　　审　　　　金智慧
　　责任编辑　魏勇俊
　　责任印制　胡　南

◆ 人民邮电出版社出版发行　　北京市丰台区成寿寺路11号
　　邮编　100164　电子邮件　315@ptpress.com.cn
　　网址　https://www.ptpress.com.cn
　　三河市君旺印务有限公司印刷

◆ 开本：880×1230　1/32
　　印张：6.375　　　　　　　　2024年6月第1版
　　字数：99千字　　　　　　　2024年6月河北第1次印刷
　　著作权合同登记号　图字：01-2023-3838号

定价：69.80元
读者服务热线：(010)84084456-6009　印装质量热线：(010)81055316
反盗版热线：(010)81055315
广告经营许可证：京东市监广登字20170147号

变化需要转折点

若用一个核心关键词描述未来，那就是人工智能（AI）。我们距离人工智能深入影响日常生活的时代越来越近，随着人们对这种巨变浪潮的关注逐渐增多，数学的重要性越发凸显。

数学是未来产业的核心竞争力之一。微积分被称为"数学之花"，本书讲述的正是与微积分有关的故事。微分和积分通常合称为"微积分"，这一概念在高中阶段学习的多个数学概念中居于首位。

在初中毕业之前，我的数学成绩还算不错，满怀信心地升入了高中。然而，高中第一次数学考试结束后，我的自信心瞬间跌入了谷底。此后一直到高中毕业，我的数学学习之路充满了痛苦。不同于初中时期，高中数学的知识量无比庞大，给我带来了巨大的压力，而且，大多数题目只靠背诵已经完全无法解决。

在高二第一次接触"微分"的概念时，我就意识到微分绝不是容易学习的内容。不过，我也感受到了它的特别之处，因为在学习微分的过程中，我发现很多之前学过的、与微分概念相关的内容之间都是关联的。我原来觉得三次函数和三次方程很难，但是学完三次函数的微分以后，我对方程和函数都有了新的认识。对于高次方程，以前觉得它很难，但是在学完微分之后，我也能够对它做出新的解释。此外，三角函数的微分可以从新的角度解决三角函数中出现的公式难题。指数函数和对数函数的微分能够自然地关联到指数方程和对数方程，以及与自然对数概念相关的内容，这为我们提供了一个观察这些问题的新的视角。

这真的太神奇了，一些我曾经掌握很差的数学概念，竟然这么轻松地被关联在了一起。实际上，学习微分的过程对我的数学学习来说是一个转折点。

英国的牛顿和德国的莱布尼茨几乎在同一时期各自独立地发现了微积分的概念。为此，甚至还出现了关于"谁是微积分真正的发现者"的争论，这足以证明微积分的发现是一次多么重大的变革。事实上，微积分不仅应用于数学领域，还应用于物理学等基础科学领域，以及电气、机械、航空航天工程等应用科学领域，它是一种非常重要的理论工具。甚至，微积分在社会科学领域，如经济学中也有应用，其重要性不言而喻。

微分这一数学概念实质上是关于"变化"的理论。小溪里水的流动、房子周围风的移动、我所在区域的气温，以及被扔出的棒球的运动轨迹等，大部分自然现象的状态从来不是一成不变的，而是在不停地发生变化。像水流这样的流动现象，也可以通过建立微分方程来进行更一般化的分析。

虽然微分只是一个数学概念，但是其作用非常强大，利用微分可以对自然现象进行数学建模。实际上，牛顿的运动方程、麦克斯韦的电磁理论等用于解释自然现象的伟大定律，都是以微分为基础建立起来的。一言以蔽之，"微分概念"是当出现某种变化的现象时，能够对其进行数学分析和预测的工具。

本书所追求的目标不是"微分的学习"，而是"讲述微分的故事"。我要通过讲故事的方式，为选择阅读本书的读者尽可能轻松地诠释"微分"这一生硬的主题。

本书讲述的是关于微分的故事，只要具备初中阶段的函数知识，阅读本书将不会有任何困难。因此，希望这本书能对初中生、高中生及对微分感兴趣的读者起到入门指导的作用。尤其是那些对数学怀有莫名的恐惧感，或者想再次挑战数学的人，我建议你阅读本书。因为通过理解微分，可以重新激活那些曾经被你放弃的数学概念。

我们需要的是微小的变化。如果没有变化，就无法摆脱对数学的恐惧。非常凑巧的是，微分就是用来研究"变化"的。阅读研究变化的微分故事，对需要变化的人来说，将是一种特别的体验。

张志雄

目 录

PART 1

微分到底是什么

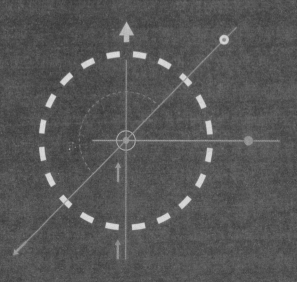

微分学习需要故事

就像翻译一首诗一样

通常情况下，一个完整的数学概念，即所谓的数学公式是非常简洁的。在数学学习中，最懒的方式是省略中间过程，只背诵最终整理好的数学公式。如果你认为只要背会数学公式，所有相关的问题都能迎刃而解，那就大错特错了。在没有正确理解的情况下，仅靠背诵公式就能解决的问题并不多。学习新的数学概念，正确的态度应该是聚焦于"正确的理解"，而不是背诵。

从数学学习的特点来看，学习新的数学概念（本书的主题——微分）的过程类似于"分析诗的过程"。你可能会感到奇怪，说着说着怎么莫名其妙地谈起了诗呢？请先把你的疑问放一边，让我们来看下面这首诗，然后再接着聊数学。

Self-Pity

D. H. Lawrence

I never saw a wild thing
sorry for itself.
A small bird will drop frozen dead from a bough
without ever having felt sorry for itself.

　　这是一首名为"self-pity（自怜）"的英文短诗，作者是 D. H. 劳伦斯。如果想品读英文诗，遇到不认识的单词需要查阅英语词典，但是也不一定能把诗解释通。我们先来解释一下这首诗。

自怜

D. H. 劳伦斯

我从未见过一只野生动物
为自己感到悲哀。
一只冻死的小鸟会从树枝上坠落
也从不会为自己感到悲哀。

对于英文诗，只有正确地解读，才能做到深入理解。正确的翻译是品读英文诗的必备条件。如果翻译得不好，那么我们可能连诗的主题都无法准确把握。下面我们来看一首与微分有关的诗。

复合函数的微分法

微分的故事

复合函数 $f(g(x))$ 的一般微分法是

将复合函数 $f(g(x))$ 代入导数的定义中。即

$$\frac{\mathrm{d}}{\mathrm{d}x}f(g(x)) = \lim_{h \to 0}\frac{f(g(x+h)) - f(g(x))}{h} \text{。}$$

等式右边的式子可以进行如下变形。

$$\lim_{h \to 0}\left[\frac{f(g(x+h)) - f(g(x))}{g(x+h) - g(x)} \times \frac{g(x+h) - g(x)}{h}\right] \text{，}$$

一句话，它等于 $f'(g(x)) \times g'(x)$。

对复合函数 $f(g(x))$ 求微分，其结果为 $f'(g(x)) \times g'(x)$。

这首诗由 3 联 7 行组成，它最大限度地以"诗"的形式呈现了本书后半部分将要讨论的内容。当然，这里先不提具体内容。第一次接触到的数学概念就

像前面看到的英文诗一样，先要进行正确的翻译。
这就如同遇到不认识的英语单词要查阅英语词典一
样，对于第一次接触的数学术语、符号，我们必须
正确理解它们的含义。对于某些初次见到的数学符
号，如果不能大声读出它们的名称，就会感到更加
难以理解。如果不能正确读出数学符号，那么数
学老师的讲解和自己对数学知识的理解就无法达成
一致。

因为具有这样的特点，可以说学习数学的过程与
分析英文诗的过程具有相似之处。本书中出现的主要
数学符号如下。

$$f(x) = ax^2 + bx + c, \; \lim_{h \to 0} \frac{f(x+h) - f(x)}{h}$$

$$f(x), f'(x), f''(x), \; \frac{\mathrm{d}y}{\mathrm{d}x}$$

$$a^x, \; \log_a x, \; \ln x, \; \mathrm{e}^x$$

$$f \circ g, \; f(g(x)), \; f^{-1}(x)$$

$$\int_a^b f(x)\mathrm{d}x$$

上面列出的主要是字母和符号。小学的数学教科书中出现的主要是数字，但是到了中学阶段，比起数字，出现更多的是字母和符号，相信大家都已经注意到了这一点。虽然数学概念很抽象，但通常来说，最有效的方法是使用字母和符号进行简洁的说明。这样不仅可以提高效率，还可以将其上升到概念层面，并与新的概念相联系。

对于第一次接触的字母和符号的概念，如果不小心错过或未能做到正确理解，那么从那一刻起，学习数学将变得十分困难，犹如噩梦一般。这和阅读一份满是生词的英文报纸或英文诗的感觉非常相似。因此，在学习数学时，如果遇到不懂的数学符号，一定要优先搞清楚它。

在学习微分的过程中，我们会发现，越到后面越会遇到更多新的数学符号。这是因为"微分"的概念犹如高中数学概念的结晶，有很多概念都与它存在关联。本书的微分故事中出现的数学符号，也需要进行正确的翻译和解释。

"微分概念需要正确的翻译。"

就像欣赏美术作品一样

　　在学习微分的过程中，我们会遇到很多公式，这时除了正确的翻译，还需要一个必不可少的条件。这与欣赏美术作品的方法有关。请欣赏下面的画作，让我们一起来思考微分和美术作品之间的共同点吧！

金弘道作品《摔跤图》

上面的作品是金弘道的《摔跤图》。通常情况下，我们对它的理解仅限于"这是朝鲜时代画坛巨匠金弘道精心描绘的摔跤场的情景"。但是，如果加上研究金弘道作品的美术学者的解释，那么对这幅画的理解会变得丰富多彩。

通过专家的说明，我们可以更全面地欣赏《摔跤图》这幅作品，了解金弘道这位画家通过这幅作品讲述了多少故事。从画作的构图、人物布局、每个人物的表情和动作中，我们可以看出哪些故事。例如，我们会了解扇子和草鞋等道具背后的故事，甚至还能指出某个观众为什么会做出那种奇怪的手势等。

我们不能简单地把《摔跤图》看作"朝鲜时代金弘道的摔跤图"，而应通过了解画作呈现出来的各种故事，对其进行综合欣赏。我们要以同样的态度对待接下来要介绍的这个公式，要像欣赏美术作品一样，对其进行仔细研究。

初中时期学习的一元二次方程的求根公式非常重要，必须牢牢地记在脑海中。要像背诵九九乘法口诀一样，做到烂熟于心、信手拈来。实际上，大部分学生会背诵一元二次方程的求根公式。然而，只靠背诵一元二次方程的求根公式就能解决的题目，只占很小一部分。

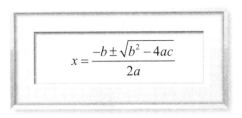

一元二次方程的求根公式

更重要的是，准备好欣赏各种与一元二次方程的求根公式有关的"故事"。例如，这个公式是如何推导出来的、在什么情况下使用更有效、看到一元二次方程的求根公式想到的图形是什么形状、根的数量与这个公式之间具有怎样的关系，以及有实根的条件与一元二次方程的求根公式之间存在什么关系等。

对于任何新的数学概念，我们都要像对待美术作品一样，带着好奇心开始学习。我们在阅读微分故事时，要关注围绕公式展开的故事。例如，各种概念、公式的产生过程、适用该公式的情形、使用公式的约束条件、如何与其他概念相联系等。

微分的形象

人的大脑具有一种能力，即在看到某些文字时能够联想到相应的形象。例如，当看到"小狗"这两个字时，闭上眼睛我们就能想到只属于自己的小狗的形象。

一想到小狗 →

一想到微分 → ???

此时此刻，当听到微分这个词时，你可能还想不起来任何具体的形象。我们将通过本书的"微分美术馆"欣赏 6 件与微分概念相关的作品。了解这 6 件作品后，你会进一步加深对本书主题的理解。我希望读者在阅读本书的同时，也能把书中出现的各种图像和相关的故事都牢牢地记在自己的脑海中。

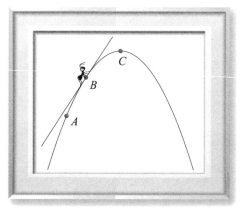

微分美术馆作品 1

$$f'(x) = \lim_{h \to 0} \frac{f(x+h) - f(x)}{h}$$

微分美术馆作品 2

$$[f(x) \cdot g(x)]' = f'(x)g(x) + f(x)g'(x)$$

微分美术馆作品 3

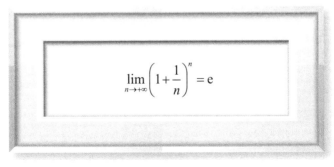

$$\lim_{n \to +\infty} \left(1 + \frac{1}{n}\right)^n = e$$

微分美术馆作品 4

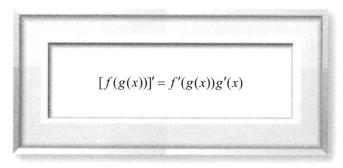

微分美术馆作品 5

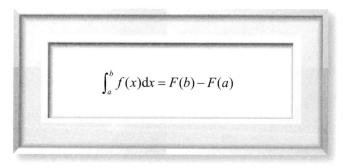

微分美术馆作品 6

PART 2

跟着蚂蚁学微分

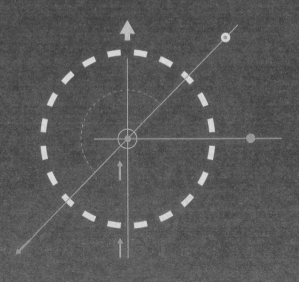

求蚂蚁所感知的山的倾斜度

　　小学学过的九九乘法口诀是一种基础的数学工具，能够快速计算出同一个数的连加。微分概念和九九乘法口诀一样，也是一种数学工具。那么，微分究竟是什么呢？

　　解释微分概念的方法有很多种。为了便于理解，我们需要做几个想象实验。在这些想象实验中，将会出现虚拟的蚂蚁。我们就把这只虚拟的蚂蚁叫作"微分蚂蚁"吧！在故事中加入微分蚂蚁，是为了从视觉上简单易懂地表示"点"这一几何学概念。

想象一下，在上面的图像中找一个点，并对这个点及其附近的区域进行放大，如下图所示。

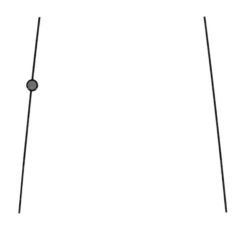

在我们所要研究的点上，总会有微分蚂蚁陪伴我

们。接下来要出场的微分蚂蚁的形状如下，它的大小相当于一个点，它能够在各种图像上自由移动，帮助我们研究微分。

普通微分蚂蚁　　　　箭头微分蚂蚁　　　　GPS 微分蚂蚁

　　本书将出现以上 3 种微分蚂蚁，分别是普通微分蚂蚁、箭头微分蚂蚁和 GPS 微分蚂蚁，它们各有特点。本书将根据故事情节的需要选择适合的微分蚂蚁登场。故事的开始由最简单的普通微分蚂蚁拉开帷幕。

微分蚂蚁想象实验

　　想象一下，有一座像下图一样的山，山上有一只微分蚂蚁正在爬行。与这座山相比，这只虚拟的微分蚂蚁非常小。微分蚂蚁虽然在山上爬行，但是它并不知道山的整体形状。不过，这只微分蚂蚁具有感知山的倾斜度的能力。

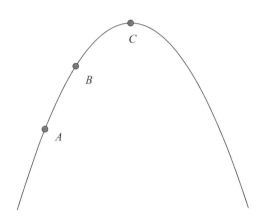

　　当微分蚂蚁从 A 点出发，经过 B 点，最终到达山顶 C 点时，微分蚂蚁在这 3 个位置上感知到的山的倾斜度如下图所示。

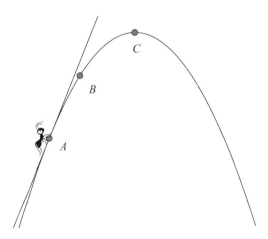

微分蚂蚁在 A 点时感知到的山的倾斜度

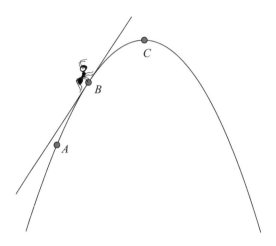

微分蚂蚁在 B 点时感知到的山的倾斜度

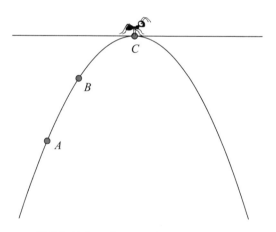

微分蚂蚁在 C 点时感知到的山的倾斜度

由于微分蚂蚁能够准确地感知它当前所在位置的倾斜度，因此它会觉得 A 点的倾斜度大于 B 点的倾斜度。同时，在登上 C 点的瞬间，微分蚂蚁会觉得山是平缓的。可以说，微分蚂蚁在各个位置感知到的倾斜度就是微分的概念。从严格意义上来说，与"微分"有关的部分是计算相应位置的"切线的斜率"。在与微分相关的各种图像中，上面的图像是最典型的。

如上所述，微分与曲线上某一点处的切线斜率有关。在这次想象实验中，微分蚂蚁爬行的山的形状是一条光滑的曲线。让我们进一步关注曲线上的 3 个点 A、B、C 处切线的斜率。如果从微分蚂蚁的角度来看，用微分的概念来描述曲线的形状，可能的表达方式如下。

🐜 在给定曲线的点 A 和点 B 处，切线的斜率均为正数，点 A 处的切线斜率大于点 B 处的切线斜率。点 C 处的切线为水平线，其斜率为 0。

这种用斜率描述曲线形状的方式，就是用微分语言描述曲线的方式。通过微分蚂蚁想象实验，我们可以直观地理解微分这一数学概念。

微分蚂蚁要爬行的山的形状

在微分故事中，有几个关键要素，其中最重要的是微分蚂蚁要爬行的山的形状。本书所研究的山大致有以下几种形状。

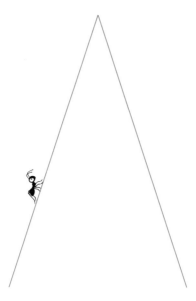

尖尖的山

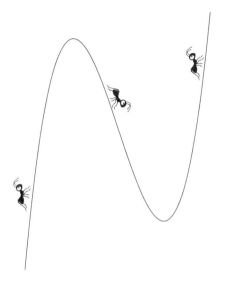

上下起伏的山

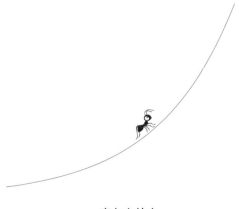

一直向上的山

平缓向上的山

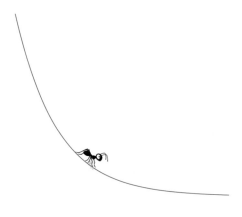

陡峭向下的山

　　微分蚂蚁要翻越的山的形状，我们称之为"图形"。图形的准确形状可以利用函数的概念进行研究。微分课程的目标在于：当给定各种函数时，如何找到切线的斜率。本书将为你更直观地理解这一过程提供帮助。

画出普通微分蚂蚁感知的切线

一听到"微分"这个词，你可能会担心遇到可怕的算式和特别难的公式。然而，这种担心其实是没有必要的。有关微分的算式，最后稍加整理即可得出结果。

调动全身的感官来体会和熟悉微分才是我们讲微分蚂蚁的故事的目的。在前面，我们把微分的概念理解为，当微分蚂蚁被放在给定函数上时，它所感知的倾斜度。简而言之，微分是对切线的研究。只要完全抛开算式，亲自动手画各种切线，你就能直接感受微分的概念。

请使用铅笔在普通微分蚂蚁所在的位置处画切线。

微分蚂蚁在曲线上移动时感知的倾斜度

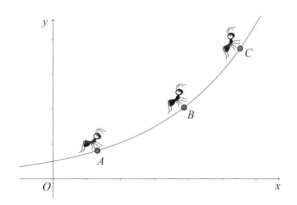

函数的形状为曲线时，微分蚂蚁在各点所感知的倾斜度

当微分蚂蚁分别位于上述图像的 3 个点上时，请使用铅笔在相应的点处画切线。

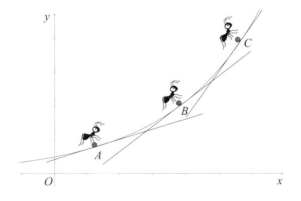

切线的大致形状如上图所示。如果给定一个图像，我们可以在大脑中想象"某一点"处的切线，并用可视化的方式将其呈现出来。这只需要一支铅笔即可完成。在上图中，我们任意选择了 3 个点并画出了切线。如果说微分是找到切线的正确方法，那么在上图中特定的 3 个点 A、B、C 处画切线，相当于对其进行微分。如下图所示，我们可以利用函数 f、函数上的点和该点处的切线来表示这种情形。

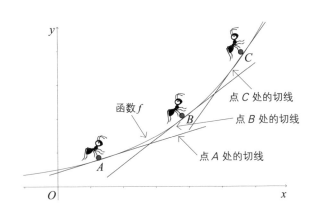

微分故事的素材：函数、点、切线

微分蚂蚁正在爬行的图像可以视为某个给定函数的图像。这意味着，微分蚂蚁位于函数上，函数是微分的研究对象。在这个函数图像上，回顾一下任意 3 个点 A、B、C 处的切线。对某个函数求微分，意味着可以在任意点处找到切线。也就是说，无论微分蚂蚁位于函数图像的哪一点，都能够在该位置处找到切线。

我们再思考一下这些切线的斜率（微分蚂蚁感知的倾斜度）。通过微分，我们可以知道切线的斜率。在上面的图像中，点 A 处的切线斜率小于点 B 处的切线斜率，点 C 处的切线斜率大于点 B 处的切线斜率。在从点 A 到点 B，再到点 C 的位置变化过程中，切线的斜率呈递增的趋势。

这样的说明就是利用微分语言描述函数的方式。当然，目前我们是在完全脱离公式的情况下，仅用一支铅笔直接在函数图像上画切线来求微分，因此无法求出切线的准确斜率。不过，我们可以据此推测出切线斜率的变化趋势。

微分蚂蚁在直线上移动时感知的倾斜度

微分蚂蚁可以在任何函数图像上爬行。如果要对某个函数求微分，只需将微分蚂蚁放在自己想研究的位置上进行思考即可。微分蚂蚁的故事中出现的大部分函数图像是曲线。不过，也不一定非得是曲线，它有可能是一条直线。将微分蚂蚁放在直线上的情形反而更特别。我们来看下图。

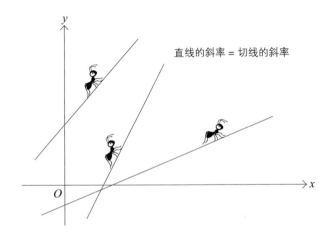

直线的斜率 = 切线的斜率

当微分蚂蚁在某条直线上爬行时，试想一下"微分"。此时，微分蚂蚁觉得直线上所有点的倾斜度（切线的斜率）都是一样的。因为直线的斜率本身就是微分蚂蚁感知的倾斜度，切线的斜率也就是直线的斜率。

在上图中，直线的斜率都是正数。有时，直线的斜率也可能为负数，如下图所示。

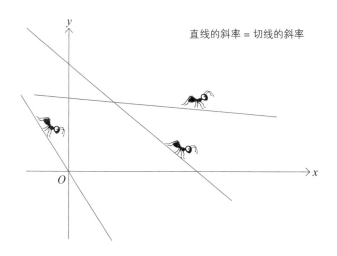

在上图中，直线的斜率均为负数。同样，微分蚂蚁所感知的倾斜度与直线的斜率完全相等。最后，让我们来思考一下微分蚂蚁在水平线上爬行的情形。请看下图。

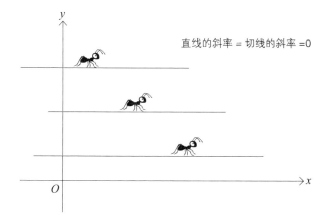

水平线的斜率为 0。因此，当微分蚂蚁在上图的水平线上爬行时，它所感知的倾斜度为 0。也就是说，如果对水平线求微分，其结果为 0。

通过亲自动手绘制不同情形下的切线，我们对微分有了直观的感觉。只要有一支铅笔，我们就能够在给定函数的某点处画出切线，从而感知微分。

跟着 GPS 微分蚂蚁学微分

　　在普通微分蚂蚁身上安装全球定位系统（GPS），普通微分蚂蚁就变成了 GPS 微分蚂蚁。因此，当它在图像上移动时，可以实时接收它的坐标 (x, y)。GPS 微分蚂蚁可以利用接收到的坐标值计算斜率，并将其显示在屏幕上。

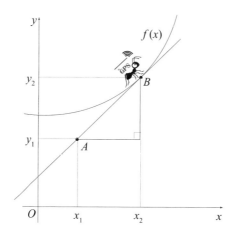

假设我们要在函数 $f(x)$ 上求 B 点处的微分。想象有一条过点 B 的切线，GPS 微分蚂蚁正在该切线上移动。GPS 微分蚂蚁在经过点 A 和点 B 时，能够通过 GPS 准确接收点 A 的坐标 (x_1, y_1) 和点 B 的坐标 (x_2, y_2)。它利用这些信息计算出了该切线的斜率，如下所示。

$$\text{过点 } B \text{ 的切线的斜率} = \frac{y \text{ 的改变量}}{x \text{ 的改变量}} = \frac{y_2 - y_1}{x_2 - x_1}$$

计算得出的斜率值会显示在 GPS 微分蚂蚁背部的屏幕上。因为我们还没有学过计算微分的具体方法，所以需要亲自动手画切线，并通过微分蚂蚁感知的倾斜度来理解微分。有关微分的所有具体计算，暂且都交给 GPS 微分蚂蚁来完成。我们的重点是借助 GPS 微分蚂蚁以多种方式了解微分的特点。

GPS 微分蚂蚁想象实验

我们可以通过二次函数 $y = x^2$ 来了解微分的概念。

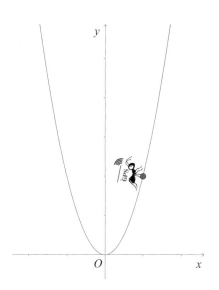

上图是二次函数 $y=x^2$ 的图像，它关于 y 轴对称，开口向上。我们将 GPS 微分蚂蚁放在图像的任意点处，然后开始做一个想象实验。

GPS 微分蚂蚁能够接收到当前所处位置的坐标，并在屏幕上显示出坐标 (2, 4)。如果要求点 (2, 4) 处的微分，目前唯一的方法是在该点处直接画切线。画出切线后，让 GPS 微分蚂蚁在切线上移动。GPS 微分蚂蚁在切线上每移动一步，都能够准确地确定自己的位置。

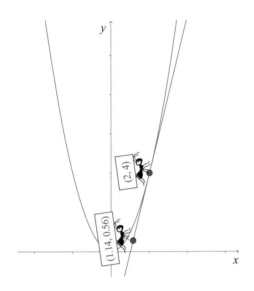

　　如上图所示，GPS 微分蚂蚁在切线上显示的坐标是 (1.14, 0.56)。现在，GPS 微分蚂蚁可以计算出切线的斜率。因为已经知道两个点的坐标分别是 (2, 4) 和 (1.14, 0.56)，所以切线的斜率是 $\dfrac{4-0.56}{2-1.14}=4$。在这里，4 既是切线的斜率，又是在点 (2, 4) 处求微分的结果。也就是说，我们可以用 4 这一特定的数值来描述 GPS 微分蚂蚁在点 (2, 4) 处所感知的倾斜度。

　　通过 GPS 微分蚂蚁，我们终于知道了倾斜度的准确数值，不用再以"大、小"等模糊概念来描述倾斜度。由此可见，GPS 微分蚂蚁能够告诉我们具体的微分结果。请利用这一结果思考下面的问题。

当点 (2, 4) 处切线的斜率为 4 时，其关于 y 轴对称的对称点 (−2, 4) 处的切线斜率是多少呢？

回想一下图像的形状，即使没有 GPS 微分蚂蚁，我们也能立刻想到点 (2, 4) 关于 y 轴对称的对称点 (−2, 4) 处的切线斜率。答案是 −4，因为该图像关于 y 轴对称。

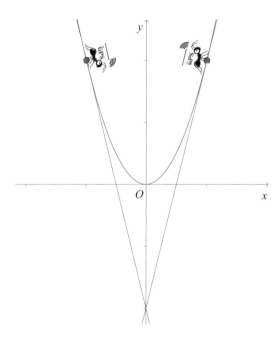

对称点处的切线斜率

综上所述，如果在函数 $y = x^2$ 的图像上有某一点和

该点关于 y 轴对称的对称点，那么我们可以同时思考这两点处的切线。只要在某一点处的切线斜率前加上负号（－），就是其关于 y 轴对称的对称点处的切线斜率。

如果我们对函数的特点和微分的概念有这种正确的理解，那么我们就能够轻松地找到切线的斜率。

微分的研究对象是函数。如果在了解函数特点的基础上求微分，那么我们就能够对微分结果进行验证。例如，在函数 $y=x^2$ 中，如果在 $x>0$ 的区域内求微分的结果为负数，那么这个计算结果肯定是错误的。在尚未完全掌握函数特点的情况下，仅通过计算来求微分，即使出现了失误也无法进行验证。由此可见，要想正确地求微分，必须先理解给定的函数。

简单二次函数的微分

微分是指微分蚂蚁在某条曲线上的任意点处所感知的倾斜度。从 GPS 微分蚂蚁的虚拟微分工具确认的结果来看，通过计算也可以得到切线的斜率。

现在，我们来思考一下利用 GPS 微分蚂蚁对简单的多项式函数上的所有点求微分的原理。当然，所有的计算都交给 GPS 微分蚂蚁来完成，我们只聚焦于原理。

我们先对大家熟知的二次函数 $y=x^2$ 求微分。

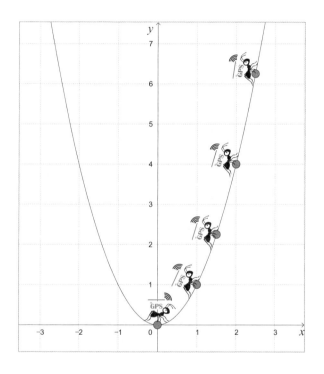

让 GPS 微分蚂蚁从点 $(0, 0)$ 出发，依次经过二次函数 $y=x^2$ 上的点 $(1, 1)$、$(1.5, 2.25)$、$(2, 4)$、$(2.5, 6.25)$。GPS 微分蚂蚁会计算每个点处的切线斜率，并将每个点处的切线斜率都显示在其背部的屏幕上，如下图所示。

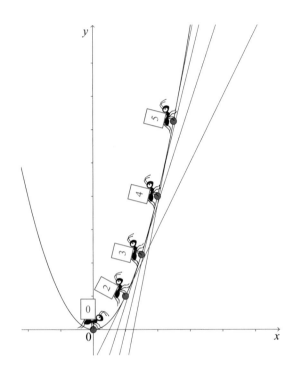

　　因为具体的计算工作已经交给 GPS 微分蚂蚁来完成，所以我们只需对这一结果进行分析即可。对微分结果进行整理，结果如下表所示。

点的坐标	微分结果，切线的斜率
(0, 0)	，切线的斜率 =0
(1, 1)	，切线的斜率 =2

（续）

点的坐标	微分结果，切线的斜率
(1.5, 2.25)	，切线的斜率 =3
(2, 4)	，切线的斜率 =4
(2.5, 6.25)	，切线的斜率 =5

上表显示了二次函数上 5 个特定点处的切线斜率。各点处的切线斜率被称为**微分系数**。例如，点 (1, 1) 处的微分系数为 2，点 (2.5, 6.25) 处的微分系数为 5。需要再次强调的是，微分系数表示的是特定点处的微分结果。

由于 $y=x^2$ 的图像关于 y 轴对称，因此可以对上表进行扩展，加入关于 y 轴对称的对称点，如下表所示。

点的坐标	微分结果，微分系数
(0, 0)	0
(1, 1)	2
(1.5, 2.25)	3
(2, 4)	4
(2.5, 6.25)	5

（续）

点的坐标	微分结果，微分系数
(−1, 1)	−2
(−1.5, 2.25)	−3
(−2, 4)	−4
(−2.5, 6.25)	−5

上表中增加了关于 y 轴对称的对称点处的微分系数。对于这些点，无须再次求微分，只需将相应的对称点处的微分系数乘以 −1 即可。现在，我们已经知道了 9 个点处的微分系数。在上表中，已给出的点的 x 坐标保持不变，将其微分系数作为 y 值，组成新的 (x, y)，结果如下表所示。

求微分的点的 x 坐标：x	微分系数：y
0	0
1	2
1.5	3
2	4
2.5	5
−1	−2
−1.5	−3
−2	−4
−2.5	−5

利用上表中的点 (x, y) 画出了如下图像。

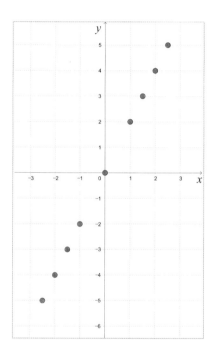

上述图像显示了原函数 $y=x^2$ 在 9 个特定点处的微分结果，即各个点处的微分系数。然而，由于二次函数 $y=x^2$ 上不是只有 9 个点，而是有无数个点，因此需要找出所有点处的微分系数。为此，我们需要使用一条光滑的直线将上述微分系数的结果连接起来。

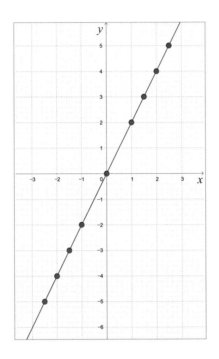

最终，我们得到了上述图像。由此可以推测，所有微分系数的值都位于上述直线上。

综上所述，在特定点处，切线的斜率被称为微分系数，将所有点处的微分系数集合起来绘制而成的图像，其对应的函数被称为**导函数**。准确地说，上述图像是直线 $y=2x$ 的图像。也就是说，如果对二次函数 $y=x^2$ 求微分，其结果为 $y=2x$，此时将 $y=2x$ 称为 $y=x^2$ 的导函数。

　　普通微分蚂蚁和 GPS 微分蚂蚁使用不同的语言，我们运用微分语言来描述二次函数 $y=x^2$ 的图像形状。

　　普通微分蚂蚁认为 $y=x^2$ 的图像是山的形状，并且它能够感知每个点处的倾斜度。普通微分蚂蚁对 $y=x^2$ 的图像形状的描述如下。

上坡的倾斜度大。

上坡有一定的倾斜度。

下坡的倾斜度大。

下坡有一定的倾斜度。

原点没有倾斜度（平缓）。

　　即使普通微分蚂蚁不了解微分这一数学概念，也能够做出上述这样的描述。GPS 微分蚂蚁使用更具体的语言对 $y=x^2$ 的图像形状进行描述。

在 $x=0$ 处，微分系数为 0。

在 $x=2$ 处，微分系数为 4。

综上所述，GPS 微分蚂蚁的语言能够准确地描述相应位置的微分系数，因为它使用的是微分语言。

作为微分学习者，我们应该使用与 GPS 微分蚂蚁一样的描述方式。除了使用 GPS 微分蚂蚁的语言，我们还需要分析通过 GPS 微分蚂蚁获得的大量数据，做到用一句话简洁明了地进行说明，如 "$y=x^2$ 的导函数是 $y=2x$"。这才是微分语言呈现出来的简洁明了的描述方式。

三次函数的微分特点

我们接着思考三次函数 $y=x^3$ 的微分。研究了三次函数的微分后，我们就可以推导出多项式函数的微分特点。

我们来看一下三次函数 $y=x^3$ 的图像。如何对三次函数求微分呢？请回顾前面的微分蚂蚁想象实验，并按照微分的概念进行思考。对三次函数求微分，会呈现出什么样的特点呢？

请自己思考一下下面这个有关微分的想象实验的结果。

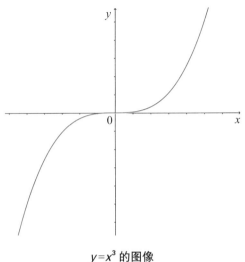

$y=x^3$ 的图像

❖ **想象实验**

实验 1　$y=x^3$ 原点处的微分系数是多少呢?

实验 2　在原点外的任意点处对 $y=x^3$ 求微分, 微分系数是正数还是负数呢?

实验 3　在 $y-x^3$ 的图像上, 点 $(1, 1)$ 处的微分系数和点 $(-1, -1)$ 处的微分系数是否相等?

实验 4　在 $y=x^3$ 的图像上, 点 $(0.6, 0.216)$ 处的微分系数和点 $(-0.6, -0.216)$ 处的微分系数是否相等?

为了解决上述问题, 我们需要在 $y=x^3$ 图像上的 5 个点处画出切线。请大家拿出铅笔, 一定要亲自试一试。

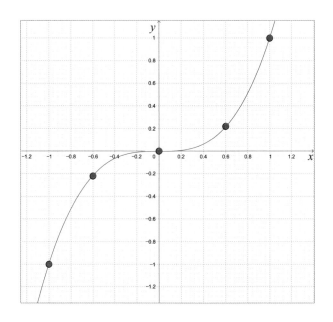

让我们来看看自己动手画出的切线，并对想象实验逐一进行分析。

实验 1　$y=x^3$ 原点处的微分系数是多少呢？

实验结果表明，$y=x^3$ 的图像是一条光滑的曲线，可以求微分，原点处的切线为 x 轴。因此，$y=x^3$ 原点处的微分系数为 0。

实验 2　在原点外的任意点处对 $y=x^3$ 求微分，微分系数是正数还是负数呢？

实验结果表明，使用铅笔在 $y=x^3$ 图像上的任意点处画切线，除了原点，其他所有点处的微分系数始终为正数。

实验 3　在 $y=x^3$ 的图像上，点 $(1, 1)$ 处的微分系数和点 $(-1, -1)$ 处的微分系数是否相等？

实验结果表明，在上述两点处画出的切线形状大致如下，两条切线看上去似乎平行。因此，我们推测这两点处的微分系数相等。对微分蚂蚁来说，它会觉得上述两点处的倾斜度相等。

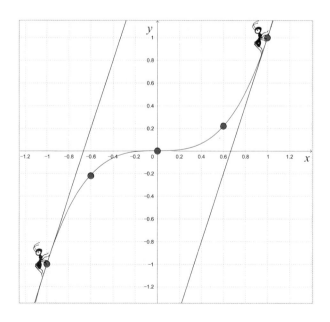

实验 4　在 $y=x^3$ 的图像上，点 $(0.6, 0.216)$ 处的微分系数和点 $(-0.6, -0.216)$ 处的微分系数是否相等？

实验结果表明，在上述两点处画出的切线形状如下图所示，两条切线看上去似乎平行。因此，我们推测这两点处的微分系数相等。微分蚂蚁所感知的倾斜度肯定也是相等的。

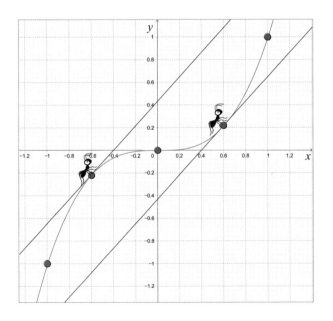

利用微分概念对上述实验的所有结果进行进一步分析，我们发现，在所有点处，微分系数均不小于0。同时，根据实验结果 3 和实验结果 4，我们推出函数

$y=x^3$ 上的某点 (x, y) 处的微分系数与该点关于原点对称的点 $(-x, -y)$ 处的微分系数相等。因此，如果已知 $x>0$ 的区间上的微分结果，那么即使不求微分，也能知道 $x<0$ 的区间上的微分结果。

利用 GPS 微分蚂蚁对三次函数求微分

请思考，当 $x \geq 0$ 时，以下几点处的微分系数。当然，所有的计算都交给 GPS 微分蚂蚁来完成。

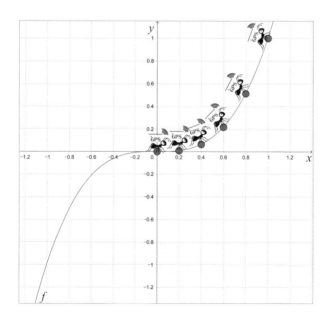

将 GPS 微分蚂蚁分别放在三次函数图像的 x 坐标

为 0、0.2、0.4、0.6、0.8、1 的对应点上，计算其微分
系数。这里需要注意的是，用于计算微分系数的严谨的
数学方法不是我们关注的重点。我们关注的重点是，
通过分析 GPS 微分蚂蚁的计算结果来考察函数 $y=x^3$
的微分结果呈现什么特点。GPS 微分蚂蚁计算得到的
微分系数如下表所示。

给出的点的 x 坐标	微分系数
0	0
0.2	0.12
0.4	0.48
0.6	1.08
0.8	1.92
1	3

利用上述结果，无须计算也能得知其关于原点对
称的点 $(-x, -y)$ 处的微分系数。将上述结果合并，结
果如下表所示。

给出的点的 x 坐标	微分系数
0	0
0.2	0.12
−0.2	0.12
0.4	0.48
−0.4	0.48
0.6	1.08

（续）

给出的点的 x 坐标	微分系数
-0.6	1.08
0.8	1.92
-0.8	1.92
1	3
-1	3

　　以上表中的 x 坐标为 x，对应的微分系数为 y，在平面直角坐标系中标出各个点 (x, y)。

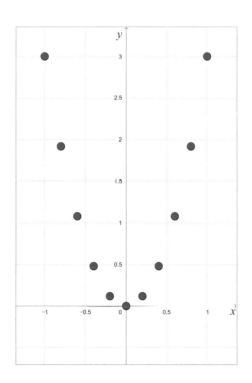

现将上述各个点用一条光滑的曲线连接起来，如下图所示。

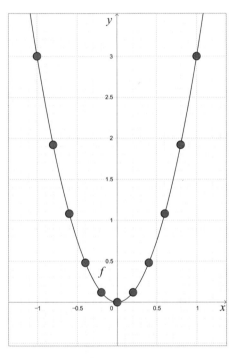

$y=x^3$ 的导函数图像

上述图像就是 $y=x^3$ 的导函数图像，可以看出 $y=x^3$ 的导函数是一个二次函数。通过前面的过程可知，对函数 $y=x^3$ 求微分，会呈现以下特点。

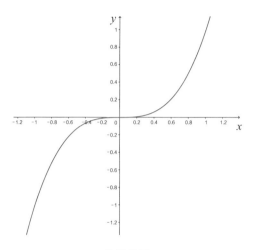

求微分后

↓

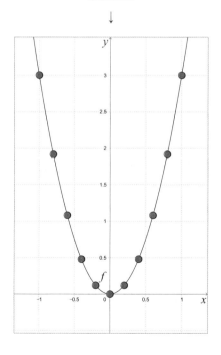

上述两个图像分别是原函数和其导函数的图像。我们还可以用其他方式描述这种情形。函数 $y=x^3$ 的微分结果可以用微分语言描述如下。

函数 $y=x^3$ 的微分结果

在原点处，微分系数为 0。

除原点外的其他所有点处，微分系数始终为正数。

$y=x^3$ 上的点 (x, y) 处的微分系数与该点关于原点对称的点 $(-x, -y)$ 处的微分系数相等。

导函数的形状与二次函数的形状相似。

对尖顶山求微分

到目前为止，微分蚂蚁爬行的山的形状有的类似于二次函数 $y=x^2$ 的图像，有的像三次函数 $y=x^3$ 的图像。我们已经知道，山的形状可以用函数来描述，对函数求微分的结果，其实是微分蚂蚁在当前位置所感知的倾斜度，也就是该点处切线的斜率。这次微分蚂蚁要爬行的山呈尖顶形状。

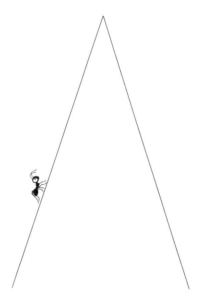

在尖顶山的顶部也能求微分吗?

　　除了尖顶山的顶部,其他所有点处的微分系数都很容易想到。以顶部为界,微分蚂蚁在左侧会感知到向上的倾斜度,即可以将直线斜率为正的某个常数作为微分系数。以顶部为界,微分蚂蚁在右侧会感知到向下的倾斜度,并将直线斜率为负的某个数值作为微分系数。对尖顶山的顶部求微分,我们需要思考的是,如何通过微分蚂蚁想象实验在顶部的一点处求出微分系数。

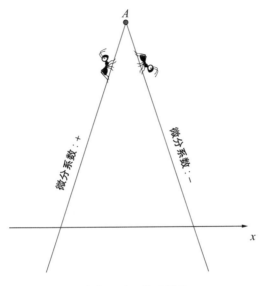

在点 A 处不能求微分

　　在思考顶点 A 处的微分系数时，我们可以将微分蚂蚁放在点 A 处。不过，想将微分蚂蚁放在那里并非易事，因为点 A 既是向右上方倾斜的射线的端点，其微分系数为正数，同时又是向右下方倾斜的射线的端点，其微分系数为负数。此时，在点 A 的左侧和右侧，由于微分系数不相等，因此无法确定点 A 处的微分系数。也就是说，在点 A 处无法求微分。根据函数的形状，在某些点处确实无法求微分。

运用微分概念考察多项式函数

　　现将前面的微分蚂蚁想象实验总结如下。

　　常函数的微分结果为 0。一次函数（直线）的微分
结果为给定函数的斜率。对二次函数求微分，得到的
是图像呈直线形状的导函数。对三次函数求微分，得
到的是图像呈二次函数形状的导函数。

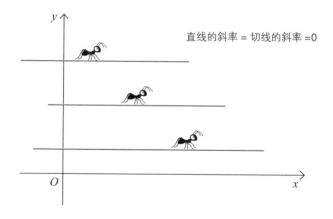

微分结果为 → 0

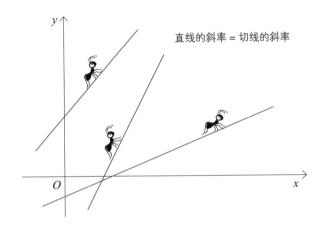

直线的斜率 = 切线的斜率

微分结果为→常数（各条直线的斜率）

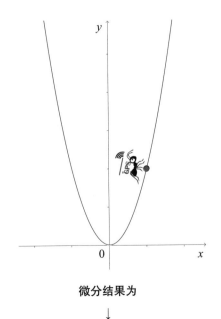

微分结果为

↓

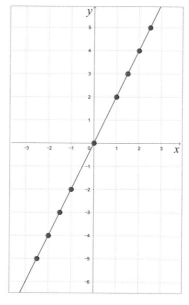

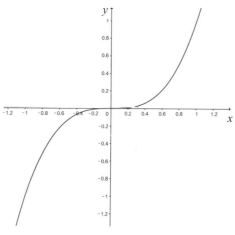

微分结果为

↓

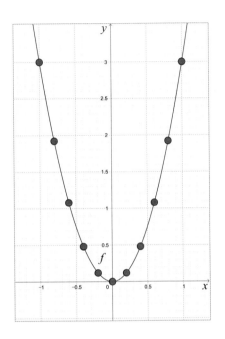

一次函数的形式为 $y=ax+b$（$a \neq 0$），各个点处的微分系数均为 a。对二次函数 $y=x^2$ 求微分，其导函数为 $y=2x$。三次函数 $y=x^3$ 的导函数为 $y=3x^2$。

多项式函数的微分结果呈现的特点

让我们一起来关注多项式函数的"次数"。运用微分概念对其进行归纳说明。常函数的微分结果为 0。一次函数（直线）的微分结果为常数。二次函数的微分结果为一次函数。三次函数的微分结果为二次函数。

运用微分概念对这些情形进行一般化扩展，得出的结论是：对多项式函数求微分，其次数降低一级。这就是多项式函数微分结果的特点。

几何级数变化

到目前为止，微分蚂蚁爬行的山的形状是多项式函数的形状。因为山的形状（函数的图像）多种多样，所以从现在开始，我们将研究不同于以往的山。山的形状将发生急剧变化，这与"指数"概念相关。

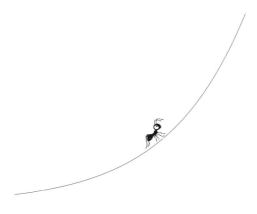

持续上升的山

某些"急剧变化"的事物更容易引起媒体的关注，下面的新闻报道也是如此。

与传统计算方式不同，量子计算的信息空间维度会随着量子比特数量的增加呈几何级数增长。因此，从理论上讲，量子计算在高维信息处理领域具有几何级数水平的卓越性能。

诸如《怪物》《感冒》《釜山行》等韩国影视作品，之所以一直将病毒作为电影素材，是因为病毒的繁殖速度呈几何级数增长，成为威胁人类的危险因素之一。

– 摘自网络 –

上述新闻报道不约而同地提到了"呈几何级数增长"的相关内容，其增长趋势如下图所示。

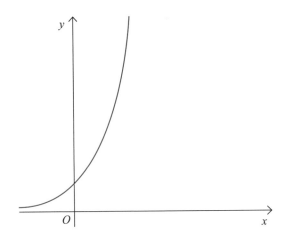

此外，也存在呈几何级数急剧减少的情况。

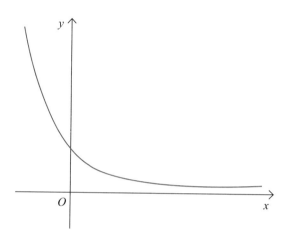

我们一起用指数函数来描述以上呈几何级数增长或减少的情形，并研究指数函数的微分结果会有什么特点。

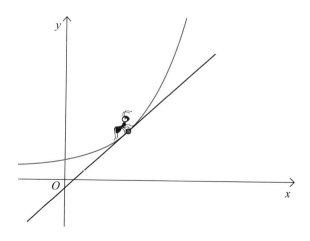

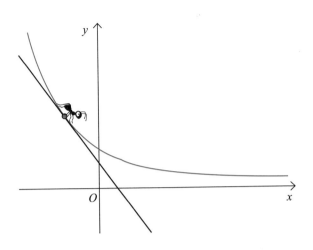

指数函数的微分结果会有什么特点呢？

在研究指数函数微分结果的特点之前，我们先来了解一下指数的基本性质。指数的数学表达式如下。

$$a^x$$

即在某实数 a 的右上方加上上标 x。它读作 a 的 x 次方，其中 a 为底数，x 为指数。

指数是一种数学表达方式，用于表示某数 a 多次连乘。例如，2 连乘 10 次可以表示为 2×2×2×2×2×2×2×2×2×2，也可以用指数简单地表示如下。

$$2^{10}$$

如果对它进行实际计算，答案是 1024，可知结果是一个实数。它还有几个与此有关的性质，使用起来非常方便，让我们一起来了解一下。

同底数幂的乘法

例如，$2^3 \times 2^2 = 2 \times 2 \times 2 \times 2 \times 2 = 2^5$，由此可知 $2^3 \times 2^2 = 2^{3+2} = 2^5$。下面对其进行一般化研究。当 a 为正数，m、n 为实数时，

$$a^m \cdot a^n = a^{m+n}$$

它可以表达为"同底数幂相乘，底数不变，指数相加"。

带括号的情形

例如 $(2^2)^3$，根据指数运算法则，它表示将括号内的 2^2 整体连乘 3 次，因此结果为 $2^2 \times 2^2 \times 2^2 = 2^{2 \times 3} = 2^6$。

$$(a^m)^n = a^{mn}$$

即幂的乘方，底数不变，指数相乘。

同底数幂的除法

$$2^3 \div 2^2 = (2 \times 2 \times 2) \div (2 \times 2) = 2^{(3-2)} = 2$$

即同底数幂相除，底数不变，指数相减。

$$a^m \div a^n = a^{m-n}$$

指数为 0 的情形

$2^3 \div 2^3 = 1$，这是当然的。利用刚刚学习的指数运算法则重新计算，其形式为 $2^3 \div 2^3 = 2^{3-3} = 2^0$。这时该怎么处理呢？增加新的运算法则即可，即指数为 0 时，其值等于 1。

$$a^0 = 1$$

只要遵循这一法则，就无须修改指数运算法则。

指数为负数的情形

$2^2 \div 2^4 = \dfrac{2 \times 2}{2 \times 2 \times 2 \times 2} = \dfrac{1}{2^2}$，这是我们熟知的计算方法。如果直接利用指数运算法则，其结果为 $2^2 \div 2^4 =$

$2^{2-4}=2^{-2}$，这里指数变成了负整数。这时又该如何处理呢？对此，我们将它定义为 $2^{-2}=\dfrac{1}{2^2}=\dfrac{1}{4}$ 。以上内容可归纳为，当 n 为正整数时，$a^{-n}=\dfrac{1}{a^n}$ 。

现在，即使遇到指数为 0 或指数为负数的情形，我们也不用紧张了。

GPS 微分蚂蚁教你指数函数的微分特点

在指数函数 $y=a^x$ 中，a 是不等于 1 的正数。这是因为，当 $a<0$ 时，a^x 的值不一定是实数。例如，$(-2)^{1/2}$ 的平方是 -2，但 $(-2)^{1/2}$ 是 $\sqrt{-2}$，$\sqrt{-2}$ 不是实数。同时，如果 a 为 0 或 1，那么指数函数没有意义或者失去了研究的价值，因此在这种情况下，也不定义指数函数。

从现在开始，通过简单的指数函数 $y=2^x$ 的图像，我们来学习指数函数的微分特点。

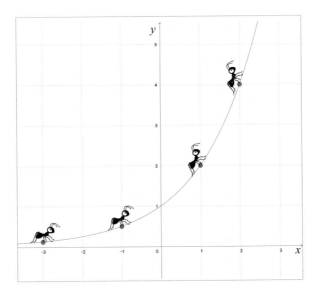

$y=2^x$ 的图像

我们的重点是微分，研究对象是任意点处的切线。我们可以使用铅笔在图像上微分蚂蚁的位置处画切线，不难发现，所有切线的斜率都是正数。

这次换一种微分蚂蚁。我们将 GPS 微分蚂蚁放在图像上，收集各点处微分系数的信息，如下图所示。我们直接使用 GPS 微分蚂蚁显示的微分系数，对于这一点，希望大家不要有抵触心理。GPS 微分蚂蚁求微分的原理将在后面进行充分的说明，现在我们的重点是分析 GPS 微分蚂蚁提供的微分系数的数据，不断加深对微分特点的理解。

　　GPS 微分蚂蚁正在实时传输微分系数数据，如下图所示。接下来，我们一起来分析这些数据。

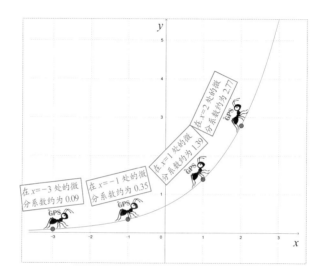

　　以 GPS 微分蚂蚁传输数据的各点处的 x 坐标为 x，以该点处的微分系数为 y，组成新的 (x, y)，得到 4 个点 $(-3, 0.09)$、$(-1, 0.35)$、$(1, 1.39)$ 和 $(2, 2.77)$，并据此画出图像，如下图所示。

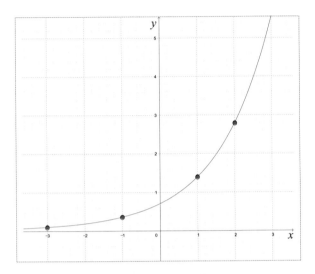

$y=2^x$ 的导函数图像

　　将上述 4 个点用一条光滑的曲线连接起来，就可以大致看出 $y=2^x$ 的导函数的形状。在已知指数函数 $y=2^x$ 及其导函数的基础上，我们对原函数和导函数的图像进行比较和研究。

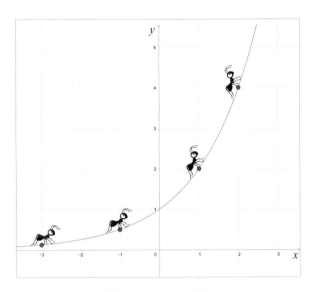

指数函数 $y=2^x$ 的图像

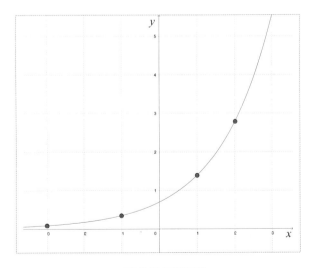

$y=2^x$ 的导函数图像

指数函数的导函数图像与原函数的图像很相似

可以看出，上述两个图像所表示的函数都是单调递增的。同理，利用 GPS 微分蚂蚁对急剧递减的指数函数（当 $0<a<1$ 时，$y=a^x$）求微分，得到的导函数图像也会呈现出递减的趋势。指数函数的特点是导函数的形状与原函数的形状非常相似。

这与多项式函数的微分结果完全不同。多项式函数的导函数的形状与原函数的形状毫无相似之处。从微分的概念来看，指数函数的形状与其导函数的形状相似，这是一个比较特殊的结果。此外，指数函数的图像与其微分后的图像具有相似之处，这表明指数函数导函数的式子中可能包含了原函数的某些信息。这一推测是否属实，可等到利用严格的数学方法研究指数函数的微分时再做确认。

箭头微分蚂蚁透视函数的原理

在前面的内容中，我们以几种函数作为研究对象，利用普通微分蚂蚁和 GPS 微分蚂蚁进行了多次微分蚂蚁想象实验，以了解什么是微分。在这个过程中，我们接触了微分系数、导函数等新的数学术语。下面我们要思考的是如何运用微分这一概念对函数进行透视。

什么是透视函数

在体检时，借助 X 射线、计算机体层扫描（CT）、磁共振成像（MRI）等技术获取影像，可以了解身体内部骨骼、肌肉、脏器的状况。如果能够用好微分，即使只给出函数表达式而没有图像，我们也能够推测出函数的大致形状。

试想一下，当给出某个复杂的函数表达式时，仅凭式子往往很难推测出该函数的形状。在遇到这种情况时，如果能够求出给定函数的微分，那么我们就可以根据微分的结果推测出给定函数的形状。在本书中，我们将这种做法定义为"透视函数"，因为微分在分析原函数方面的作用可以与 X 射线的透视能力相提并论。下面，我们将研究运用微分透视函数的原理。

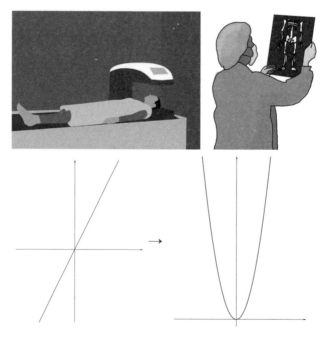

微分是用于透视函数的工具

为了说明透视函数的原理，我们需要用到一种特殊的微分蚂蚁，它就是箭头微分蚂蚁。箭头微分蚂蚁具有不同于普通微分蚂蚁和 GPS 微分蚂蚁的特点。

箭头微分蚂蚁想象实验

箭头微分蚂蚁具有一种功能，即在它所在的位置处能够利用箭头可视化表示该点处的切线斜率。

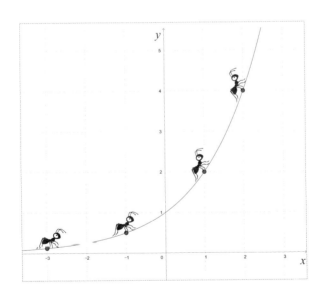

箭头微分蚂蚁的特点是，当被放在某函数图像上时，它会在自己所在的位置处留下箭头图标，用以表示该点处的切线方向，从而帮助我们对函数进行透视，

如下图所示。

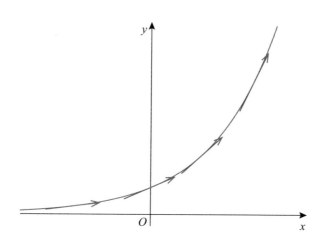

GPS 微分蚂蚁的特点是，它能够在某一点处立即计算并显示微分系数。然而，箭头微分蚂蚁是通过箭头的方向来表示切线的方向，而不是具体数值。箭头微分蚂蚁想象实验的核心是如何应用大致可以推测出倾斜度的信息。下面是擦掉图像后，只留下箭头的情形。

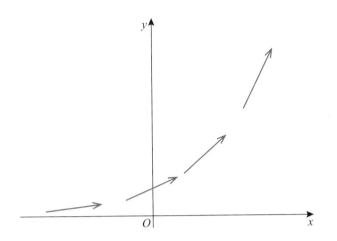

　　现在开始进行微分蚂蚁想象实验。假设上面的箭头表示的是某函数上某些点处的切线方向。仅凭这些信息我们能够推测出原函数的形状吗？在本实验中，只要能沿着箭头的方向进行描绘，我们就能轻松地推测出原函数的形状。

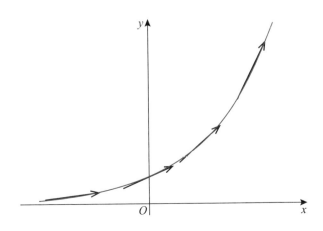

我们再做一个微分蚂蚁想象实验，即在看不到原函数的情况下，将表示各点处切线方向的箭头平移到 x 轴上进行排列，如下图所示。

下面，我们进入本次微分蚂蚁想象实验的核心。只用上述的箭头信息我们能够推测出原函数的形状吗？已知箭头表示原函数在上图的 x 坐标对应点处的切线斜率。x 值越往右，即随着 x 值的增大，箭头的斜率呈递增趋势。

这是与微分有关的唯一信息。我们要做到，仅凭这一信息推测出原函数在该区域的形状是递增的。这就是通过微分结果推测原函数形状的基本原理。

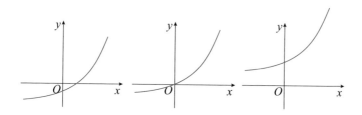

仅凭排列在 x 轴上、显示切线斜率的箭头信息，我们只能推测出原函数的形状，无法得知图像所在的位置。因此，仅凭这些信息我们只能推测出各种可能的情形，如上图所示。不过，我们可以确定其形状是递增的。

箭头微分蚂蚁想象实验的结果

从前面各个微分蚂蚁想象实验的结果可知，只要理解了微分的概念，即使只给出表示切线斜率的箭头信息，我们也能推测出原函数的大致形状。

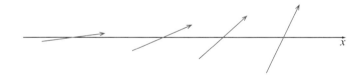

通过给定的切线的斜率信息，我们能够推测出原函数的形状。

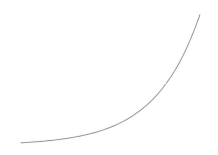

这就是运用微分这一概念透视函数的基本原理。

透视多项式函数

我们再做几个根据切线斜率的箭头信息推测原函数形状的练习。

即使 x 值增大，切线的斜率也保持不变，这是上图传递的微分信息。切线的斜率是与箭头方向相对应的某个正数，且其数值保持不变，这说明它是一条向右上方倾斜的直线。

　　根据切线的信息，我们能够判断函数的形状。由上图可知，它是一条斜率为正数的直线。根据下图中的箭头信息，我们能够得出哪些关于切线的信息呢？

　　我们试着用微分语言来描述上图中所包含的信息。随着 x 值的增大，某函数的切线斜率从某个正数开始递减，中途变成 0，之后变为负数。我们完全可以透视出这个函数的形状，如下图所示。

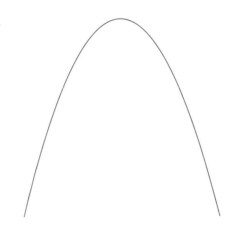

根据几个切线信息就能够透视出函数的大致形状。

极大值点和极小值点的概念

箭头表示切线的斜率，根据它所传递的微分信息，我们能够推测出原函数的图像。我们可以把它当作微分系数的符号。

在上述图像中，最左边的 3 个微分系数的符号均为正，经过微分系数为 0 的区域后，在最后的 3 个点处，微分系数变为负数。

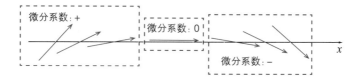

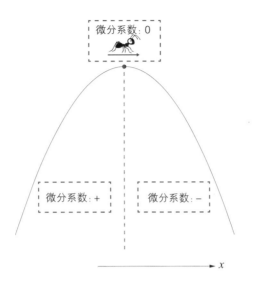

极大值点的概念

　　如上图所示，我们可以进一步简化微分系数为正数的部分、微分系数为 0 的部分和微分系数为负数的部分。在微分系数为 0 的点的左侧区域，微分系数为正数；在其右侧区域，微分系数的符号为负。在这种情况下，微分系数为 0 的点被称为"极大值点"。

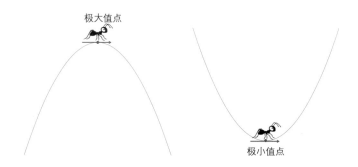

极大值点和极小值点的概念

我们进行一般化的归纳整理。如上面的左图所示，在箭头微分蚂蚁所在点的左右两侧，微分系数从正数变为负数，该点被称为"极大值点"。又如上面的右图所示，在箭头微分蚂蚁所在点的左右两侧，微分系数从负数变为正数，该点被称为"极小值点"。当某一点处的微分系数为 0 时，我们可以根据该点左右两侧微分系数的符号来判断该点是极大值点还是极小值点。

需要注意的是，只知道某点处的微分系数为 0 并不能立即判定该点是极大值点还是极小值点。已知函数 $y=x^3$ 在 $x=0$ 处的微分系数为 0，但是原点 $(0, 0)$ 并不是该函数的极大值点或极小值点。这是因为对函数 $y=x^3$ 求微分是 $y'=3x^2$，在原点的左右两侧，微分系数的符号均为正。

　　因此，透视函数的核心是，首先要准确地找出微分系数为 0 的位置，接下来还要观察其左右两侧微分系数的符号。

　　利用微分的概念透视函数，我们不仅可以推测出图像的大致形状，还能在此过程中判定函数是否具有极大值点或极小值点。

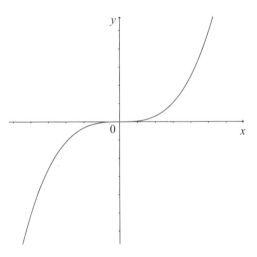

$y=x^3$ 图像上的原点与极大值点、极小值点无关

微分美术馆作品1

让我们一边回顾有关微分概念的说明，一边欣赏微分美术馆展示的作品。

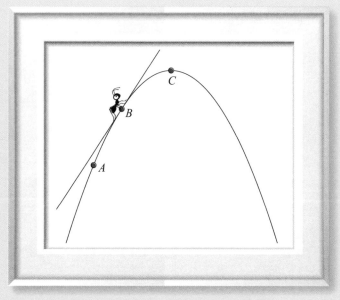

微分是蚂蚁所感知的当前位置的倾斜度

< 作品解说 >

上面的作品是对微分进行说明的一个非常经典的作品，它凝聚了我们前面讨论的所有内容。微分蚂蚁正在爬行的山的形状可以用一个函数来表示，这个函

数也是微分的研究对象。微分蚂蚁在当前所在点处感知到的山的倾斜度，即该点处切线的斜率。

某点处切线的斜率被称为"微分系数"。我们知道，将所有点处的微分系数的计算结果绘制成图像，得到的是给定函数的导函数。求微分的过程是找出导函数的过程。

我们还可以想象，将作品中的普通微分蚂蚁替换为其他种类的微分蚂蚁。例如，将 GPS 微分蚂蚁放在图像上就能获知具体的微分系数数据。

前面，我们借助 GPS 微分蚂蚁研究了几个多项式函数的微分特点。假如将箭头微分蚂蚁放在图像上，它会对函数进行透视，从而使我们能够推测出函数的图像。

PART 3

蚂蚁摆脱极限情形
的方法

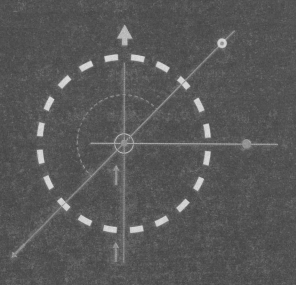

陷入困境的 GPS 微分蚂蚁

下面的微分蚂蚁想象实验将探讨如何运用数学方法来精确地计算微分。研究的起点是将 GPS 微分蚂蚁放于两种极限情形中。GPS 微分蚂蚁将会面临什么样的极限情形呢？

下面的图像是 $y = \dfrac{1}{x}$ 的图像，我们只考虑 $x > 0$ 的部分。同时，假设已将 GPS 微分蚂蚁放在了这个图像上。

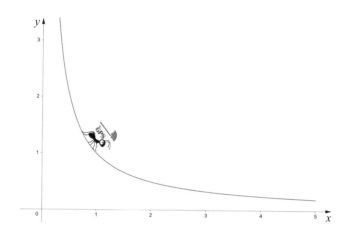

　　从图像中可以看出，GPS 微分蚂蚁在图像上的所有点处感知到的倾斜度都是负数。虽然我们无法确定每个点处切线的斜率值，但是可以肯定它的符号为负。我们可以画几条切线来验证这一结论。

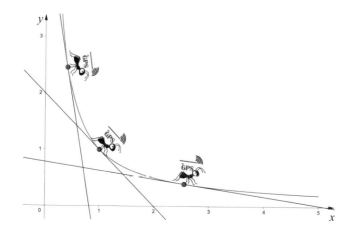

这种程度的微分蚂蚁想象实验并不难。下面，我们将基于该图像将 GPS 微分蚂蚁推向"极限情形"，这也是本次微分蚂蚁想象实验的主题。

极限实验 1

我们让图像上的 GPS 微分蚂蚁向图像的右侧移动，即 x 值增大的方向。当 GPS 微分蚂蚁在图像上向右移动时，其记录的 (x, y) 值如下表所示。

x	y
1	1
2	0.5
10	0.1
1000	0.001
10000	0.0001

第一个极限实验是，当 x 值无限增大时，思考 y 值将如何变化。当 GPS 微分蚂蚁在 $y = \dfrac{1}{x}$ 的图像上向图像的右侧移动时，GPS 微分蚂蚁显示的纵坐标会趋于什么值呢？

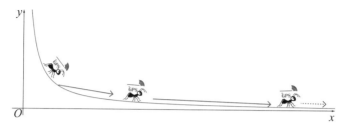

使 GPS 微分蚂蚁无限远离 y 轴

图像上的 GPS 微分蚂蚁显示的 y 值逐渐趋于 0。运用数学语言表示这种情形，如下所示。

$$\lim_{x \to +\infty} \frac{1}{x} = 0$$

我们来看上面的式子。首先，在函数表达式 $\frac{1}{x}$ 的左侧第一次出现了"lim"这个符号。lim 是取自英语单词"limit"的数学符号。"limit"译为"界限""极限"。当 lim 符号出现在某个式子的左侧时，表示的是对这个式子求极限。$\lim \frac{1}{x}$ 表示的是求 $\frac{1}{x}$ 的极限。

其次，请看 lim 底部的 $x \to +\infty$。"$+\infty$"符号表示无限增大的状态，读作"正无穷"。正无穷符号

"+∞" 表示某个值无限增大的状态，并不代表特定的数值。这个概念很重要。$x \to +\infty$ 读作 "x 趋于正无穷"。进一步解释这一表述的话，它的含义是 "使 x 值无限趋于'正无穷'的状态"。

这里使用的是箭头，而不是等号，它的含义是无限趋于某个数值。请注意，这里必须使用箭头表示。

最后，我们来看一下包含 lim 的式子中的 "等号"。通常情况下，等式 A=0 表示 "A 的值为 0"。但是，在包含 lim 的式子中，等号并不代表确定的数值。"（lim 式子）=（某个数值）"的含义是 lim 式子无限趋于某个数值，这里的 "某个数值" 被称为 "极限值"。正确使用极限式的表示方式非常重要。下面是对极限式的错误表示。

$$\lim_{x=+\infty} \frac{1}{x} = 0 \quad (\times)$$

$$\lim_{x\to+\infty} \frac{1}{x} \approx 0 \quad (\times)$$

极限式的条件中要使用箭头，而不是等号，在表示极限值时，要使用等号。

$$\lim_{x \to +\infty} \frac{1}{x} = 0 \quad (\checkmark)$$

解释

当 x 值无限增大时，$\frac{1}{x}$ 趋于 0，即极限值为 0。

极限实验 2

接下来，我们将 GPS 微分蚂蚁放于另一种极限情形中。在图像上，让 GPS 微分蚂蚁缓慢向左移动，即向 x 无限趋于 0 的方向移动。此时，y 值会发生怎样的变化呢？

x	y
1	1
0.5	2
0.1	10
0.001	1000
0.0001	10000

想象一下，采用同样的方式将 GPS 微分蚂蚁放在图像上。

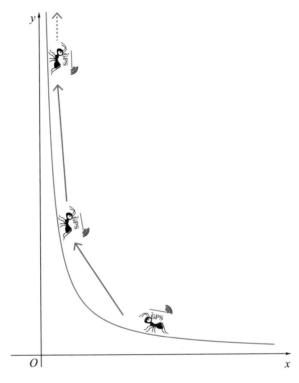

让 GPS 微分蚂蚁不停地向左移动

随着 GPS 微分蚂蚁向左移动，即 x 无限趋于 0，它会有一种沿着图像爬上悬崖的感觉。同时，GPS 微分蚂蚁显示的 y 值会无限增大，即变成"正无穷"。运用刚刚学习的极限符号 lim，可表示如下。

$$\lim_{x \to 0} \frac{1}{x} = +\infty$$

寻找万能钥匙

微分的核心思想

　　GPS 微分蚂蚁是如何求微分的呢？我们可以利用前面学到的极限的概念，列式表示 GPS 微分蚂蚁求微分的具体原理。

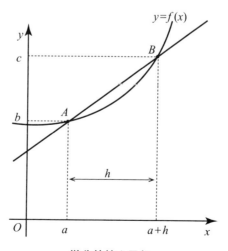

微分的核心思想

为了准确计算出某曲线 $y=f(x)$ 在特定点 $A(a, b)$ 处的微分系数，我们需要用到特殊的方法。假设点 A 的右侧有一个与之相距 h 的点 $B(a+h, c)$。

在图中，过点 A 和点 B 的直线的斜率为 $\dfrac{c-b}{(a+h)-a} = \dfrac{c-b}{h}$。因为 $b=f(a)$、$c=f(a+h)$，将其代入后得到 $\dfrac{c-b}{h} = \dfrac{f(a+h)-f(a)}{h}$。

该直线的斜率表示的是从点 A 到点 B 的变化率，被称为"平均变化率"。不过，这条直线并不是点 A 处的切线。我们想求出点 A 处的切线斜率。如果使 h 的取值更小，那么会变成如下情形。

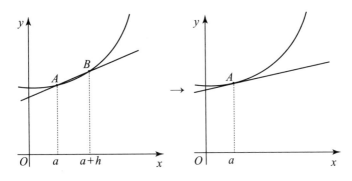

为了求微分，使 h 的取值无限趋于 0

在上面的左图中，h 的取值越小，该直线越接近点 A 处的切线。假设在 h 的取值更小的位置确定点 B，此时连接点 A 和点 B 的直线将更接近实际的切线。

不过，此时直线的斜率依然是平均变化率。如果我们不断重复上述过程，使 h 的取值逐渐变小，即 h 的取值无限趋于 0，那么点 B 将无限接近点 A（上面的右图）。此时得到的直线 AB 就是点 A 处的切线。我们已经了解了无限趋于某个数值的数学方法，也就是前面提到的极限的概念。在 h 的取值无限趋于 0 的情况下，斜率 $\dfrac{f(a+h)-f(a)}{h}$ 的值表示如下。

$$\lim_{h \to 0} \frac{f(a+h)-f(a)}{h}$$

计算上式得到的是过点 A 的切线的斜率，这就是运用数学方法求微分。当 h 的取值无限小时，也就是 h 无限趋于 0 但不等于 0，通过计算得到的值会收敛（无限接近某个数值）于实际切线的斜率。

微分的万能钥匙

在任意点 x 处求微分，也就是求导函数，只需要将前面整理的式子中的 a 用 x 替换即可。

$$f(x)\text{的导函数} = \lim_{h \to 0} \frac{f(x+h) - f(x)}{h}$$

我们终于找到了微分蚂蚁的故事中的核心工具。我们将它称为微分的"万能钥匙"。它非常重要，可以说对万能钥匙的理解和运用是学习微分的关键。

微分美术馆作品2

　　第一件作品阐述的是微分的原理，第二件作品与第一件作品不同，它更抽象。前面提到过，它是学习微分的关键，是一件非常重要的作品。请慢慢欣赏，将它融入自己的知识体系中。

$$f'(x) = \lim_{h \to 0} \frac{f(x+h) - f(x)}{h}$$

微分的万能钥匙

< 作品解说 >

　　这是导函数的定义，它以微分的万能钥匙的名义展示在美术馆中。下面介绍欣赏这件作品的 3 个要点。

　　第一，$f'(x)$ 是什么？它是某个函数 $f(x)$ 的微分结果，即导函数，记作 $f'(x)$。导函数的另一种表示方式

是 $\dfrac{\mathrm{d}y}{\mathrm{d}x}$。它是由莱布尼茨（Leibniz）提出的，这种表示

方式更严谨地表示了"y 关于 x 的微分"。在函数 $y=x^2$

中，y 关于 x 求微分，结果为 $y'=2x$。利用莱布尼茨的方

式表示，结果为 $\dfrac{\mathrm{d}y}{\mathrm{d}x}=\dfrac{\mathrm{d}}{\mathrm{d}x}x^2=2x$。因此，上面的作品还

可以表示如下。

$$f'(x)=\frac{\mathrm{d}y}{\mathrm{d}x}=\lim_{h\to 0}\frac{f(x+h)-f(x)}{h}$$

　　第二，极限的研究对象是直线的斜率。分母 h 实

际上表示的是 x 的改变量 $(x+h)-x$。因此，当看到上

面的作品时，你应该能联想到下面的式子。

$$f'(x)=\lim_{h\to 0}\frac{f(x+h)-f(x)}{(x+h)-x}$$

　　第三，极限的概念支配着这个式子。在微分定义

的表达式中，使 h 的取值趋于 0，得到了极小的 x 的改

变量以及与之对应的 y 的改变量之间的比值。该比值

表示的是直线的斜率，同时也是切线的斜率。如果你

已经充分理解了这个式子，那么应该能够联想到与切
线斜率相关的图像。

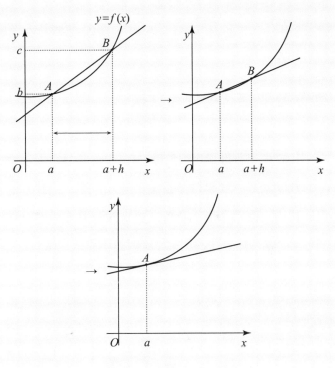

欣赏作品后联想到的图像

微分万能钥匙的使用方法

我们终于获得了无须借助 GPS 微分蚂蚁也能求微分的数学工具。如果微分是一个游戏，那么找到万能钥匙相当于获得了最强装备。尚未找到万能钥匙或还没有学会其使用方法的玩家，绝对打不赢这个游戏。

万能钥匙是研究微分的核心

下面将介绍如何使用微分万能钥匙，即万能钥匙的转动方法。

使用万能钥匙求二次函数的微分

我们可以用一首诗来描述如何将微分万能钥匙应用于二次函数 $f(x)=x^2$。

$f(x)=x^2$ 的微分方法

微分的故事

要对某函数求微分，

使用万能钥匙即可。

因为 $f'(x)=\lim\limits_{h\to 0}\dfrac{f(x+h)-f(x)}{h}$，

代入目标函数 $f(x)=x^2$，即得

$$f'(x)=\lim\limits_{h\to 0}\dfrac{(x+h)^2-x^2}{h}。$$

整理上述极限式，可得

$$\lim\limits_{h\to 0}\dfrac{(x^2+2hx+h^2)-x^2}{h}$$

$$=\lim\limits_{h\to 0}\dfrac{2hx+h^2}{h}=\lim\limits_{h\to 0}(2x+h)=2x，$$

x^2 关于 x 求微分，结果是 $2x$。

求出了导函数，意味着在目标函数的任意点处，我们都能计算切线的斜率。前面讨论的 $f(x)=x^2$ 及其导函数 $f'(x)=2x$ 的自变量都是 x。当 $x=1$ 时，对应的 $f(x)$ 的值为 $1^2=1$，即函数值为 1，并可计算出点 $(1, 1)$ 处的微分系数为 $2\times1=2$。在曲线上的任意点处，能够如此简便、准确地计算出切线的斜率，这简直就是一个奇迹。牛顿（Newton）和莱布尼茨关于微分的思想具有革命性的意义。

微分万能钥匙的使用方法

按照以下 3 个步骤，我们就能够对函数求微分了。

步骤 1：找到万能钥匙。

步骤 2：将微分的目标函数精确地代入万能钥匙中。

步骤 3：转动万能钥匙，即整理并计算极限式。

上面关于使用万能钥匙求微分的步骤看似很简单。不过，这取决于目标函数的类型，其过程可能很简单，也可能很复杂。

n 次多项式函数的微分

对一般的 *n* 次多项式函数求微分，属于万能钥匙转动步骤中比较复杂的情形。下面，我们按照微分万能钥匙的使用方法对其求微分。

$$设\ f(x)=x^n，则有\ f'(x)=\lim_{h\to 0}\frac{(x+h)^n-x^n}{h}。$$

在这里，要想转动万能钥匙，我们需要对极限式的分子 $(x+h)^n-x^n$ 进行因式分解。多项式函数的微分问题这时已经转化为因式分解的问题。我们先来看一看下面的因式分解公式。

$$a^2-b^2=(a-b)(a+b)$$
$$a^3-b^3=(a-b)(a^2+ab+b^2)$$
$$a^4-b^4=(a-b)(a^3+a^2b+ab^2+b^3)$$

当多项式的次数增加时，我们可以发现因式分解的规律。一般情况下，我们可以推导出以下的因式分解公式。

$$a^n - b^n = (a-b)(a^{n-1} + a^{n-2}b + a^{n-3}b^2 + \cdots + a^2 b^{n-3} + ab^{n-2} + b^{n-1})$$

利用上面的算式对 $(x+h)^n - x^n$ 进行因式分解，如下所示。

$$(x+h)^n - x^n$$
$$= \{(x+h) - x\}\{(x+h)^{n-1} + (x+h)^{n-2}x + \cdots + (x+h)x^{n-2} + x^{n-1}\}$$
$$= h\{(x+h)^{n-1} + (x+h)^{n-2}x + \cdots + (x+h)x^{n-2} + x^{n-1}\}$$

运用上面的因式分解结果，我们就能够准确地转动万能钥匙了。

$$\lim_{h \to 0} \frac{(x+h)^n - x^n}{h}$$
$$= \lim_{h \to 0} \frac{h\{(x+h)^{n-1} + (x+h)^{n-2}x + \cdots + (x+h)x^{n-2} + x^{n-1}\}}{h}$$

由于 h 不等于 0，因此可以约分。在 h 趋于 0 时，计算上面的极限式，其结果整理如下。

$$f'(x) = x^{n-1} + x^{n-1} + \cdots + x^{n-1} + x^{n-1} = nx^{n-1}$$

将上述结果概括如下。

x^n 关于 x 求微分，结果为 nx^{n-1}。

能多次求微分吗？

我们可以对导函数再次求微分，即求导函数的导函数。$f(x)$ 的微分记作 $f'(x)$。我们可以使用相同的方法对 $f'(x)$ 再次求微分，$f'(x)$ 的微分记作 $f''(x)$。$f''(x)$ 被称为二阶导函数，简称二阶导数。对某函数进行一次微分得到该函数的导函数，对导函数再次求微分就得到了该函数的二阶导数。

对 $f(x) = x^2$ 进行一次微分，结果为 $f'(x) = 2x$

对 $f'(x) = 2x$ 再次求微分，结果为 $f''(x) = 2$

当然，我们可以对 $f''(x) = 2$ 再求一次微分，结果为 $f'''(x) = 0$。可以根据需要连续多次求微分。对连续多次微分的说明，最有趣的应该是接下来要讲的微分鬼故事。

微分鬼故事

从前，有一个美丽而宁静的村庄。

那个村庄叫自然树村。

有一天，村庄里出现了微分鬼。

微分鬼对村民逐个进行微分，

当村民变成 0 后，将他们杀掉。

村庄逐渐荒芜，村长和村民忍无可忍，

召开了村民会议。

经过几小时的讨论，

他们决定向毗邻的多项式村求救。

多项式村得知消息后，将 x^2 将军

紧急派到了自然数村。

面对在战斗中随时改变自己形象的 x^2 将军，

微分鬼有些惊慌失措……

不过，经过短暂的思考，

微分鬼通过 3 次微分，

轻松地解决掉了 x^2 将军。

于是，多项式村紧急派出了 x^3 将军。

可是，他根本不是微分鬼的对手。

仅仅 4 次微分后，x^3 将军就支离破碎了。

多项式村乱了方寸，决定派出总参谋长 x^n，

在 $(n+1)$ 次微分后，总参谋长 x^n 也崩溃了。

… 略 …

－ 摘自网上流传的 "微分鬼故事" －

微分鬼故事解析

"从前，有一个美丽而宁静的村庄。那个村庄叫自然数村。有一天，村庄里出现了微分鬼。微分鬼对村民逐个进行微分，当村民变成 0 后，将他们杀掉。"

解析：自然数为常数，其微分结果为 0。

"村庄逐渐荒芜，村长和村民忍无可忍，召开了村民会议。经过几小时的讨论，他们决定向毗邻的多项式村求救。多项式村得知消息后，将 x^2 将军紧急派到了自然数村。面对在战斗中随时改变自己形象的 x^2 将军，微分鬼有些惊慌失措……不过，经过短暂的思考，微分鬼通过 3 次微分，轻松地解决掉了 x^2 将军。"

解析：x^2 的微分结果为 $2x$，$2x$ 的微分结果为 2，2 的微分结果为 0。经过 3 次微分后，x^2 变成了 0。

"于是，多项式村紧急派出了 x^3 将军。可是，他根本不是微分鬼的对手。仅仅 4 次微分后，x^3 将军就支离破碎了。"

解析：x^3 的微分结果为 $3x^2$，对 $3x^2$ 求微分的结果为 $6x$，对 $6x$ 求微分的结果为 6，对常数求微分的结果为 0。4 次微分后，x^3 变成了 0。

"多项式村乱了方寸，决定派出总参谋长 x^n，在 $(n+1)$ 次微分后，总参谋长 x^n 也崩溃了。"

解析：同理，对 x^n 求 $(n+1)$ 次微分，结果也是 0。

运用微分解决问题

　　大部分与微分有关的数学、科学书籍异口同声地指出："微分研究变化。"仅凭前面所学的微分知识，我们可能还无法深刻理解"研究变化"的含义。下面，让我们详细地了解一下微分的用途。

微分是分析函数的工具

瞬时变化率

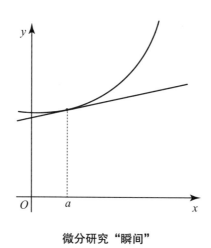

微分研究"瞬间"

如上图所示，微分可用于计算 $x=a$ 处的"瞬时变化率"或 $x=a$ 处的"微分系数"。微分利用具体的数值（微分系数）或函数（导函数）对瞬时变化进行研究。

与切线相关的几何问题

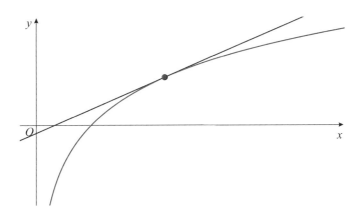

　　应用微分最简单的例子是，用它可以求出过函数上某一点的切线方程。

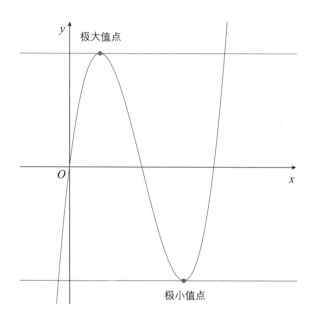

此外，即使只给出某个函数的表达式，我们也能借助微分轻松地找到它的极大值点、极小值点的位置。

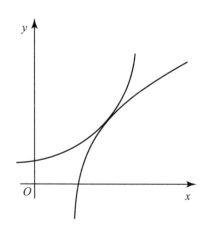

在上图中，关于两条曲线相切的问题，我们可以通过共同切线（微分）来解决。

推测复杂函数的形状

假如遇到复杂的函数表达式，仅凭式子无法准确判断函数的形状，此时我们可以尝试使用微分来解决。如果能够求出某个函数的微分，那么我们可以根据微分结果来推测原函数的形状。在本书的"解读微分密码，透视函数"一节中，我们将对相关内容进行更具体的讨论。

微分方程和物理状态的解释

如果 x 轴和 y 轴不只是坐标轴的概念，而是具有某种物理意义，那么微分的概念会更有现实意义。

假设某个函数的 x 轴表示时间 (t)、y 轴表示速度 (v)，那么函数上某一点处切线的斜率表示的是瞬间的速度变化。物理学上称其为**瞬时加速度**。瞬时加速度记作 $\dfrac{\mathrm{d}v}{\mathrm{d}t}$。在研究汽车的运动性能时，加速度实验结果被视为最基础的数据。

我们可以利用特殊形式的方程来解释一般的自然

现象，这种方程往往与微分有关。我们熟知的方程形式是"（包含 x 的某个式子）=0"。例如，已知二次函数 $f(x)=ax^2+bx+c$，找到满足条件 $f(x)=0$ 的根。和迄今为止学过的方程相比，与微分相关的方程在结构上完全不同。通常情况下，我们将其称为**微分方程**，形式如下。

$$f''(x)+af'(x)+bf(x)+c=0$$

微分方程中可能还会包含其他与微分相关的函数，如导函数、二阶导数等，因此不容易求解。不过，这种微分方程被认为是最精确的描述自然现象的方法。这里所说的自然现象，主要是指常见的物理现象。下面列出的是能够运用微分方程解释的主题。

- 弹簧末端悬挂物体，向下拉动后松手，物体将如何随时间运动并最终停止呢？
- 非常热的钢铁突然被浸泡在冷水中，钢铁的温度将如何随时间的推移而变化呢？
- 飞机机翼周围的气流处于什么状态呢？

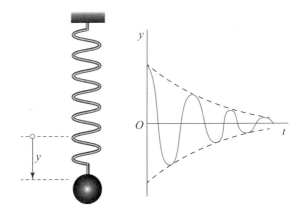

　　第一个主题可以命名为"弹簧－质量系统"，它在日常生活中随处可见。在弹簧末端悬挂一个具有质量的物体，适度下拉后松手，物体将会上下摆动几次，最终停止。虽然这个过程看起来非常简单，但是考虑到体现弹簧特性的弹性系数、物体的质量、摩擦的影响等要素，写出相应的微分方程其实并非易事。

　　如果能够求解这种微分方程，那么我们就能够推导出物体随时间运动的算式，如上面的右图所示。微分方程设计得越精确，其结果越接近实际情况。这就是微分方程的威力。

　　如果想正确理解像"弹簧－质量系统"这样看似简单的物理现象，那么我们需要掌握微积分的概念、了解微分方程，同时还需要具备物理学的相关知识。

微分美术馆作品3

我们来看美术馆展出的第 3 件作品吧！这件作品的名称是"两个函数乘积的微分"。这件作品具有特殊的价值。例如，当用函数表示复杂的物理现象时，我们经常用已知的几个函数的乘积来表示。此时，如果需要对由几个初等函数相乘得到的复杂函数求微分，那么就需要用到下面的作品。

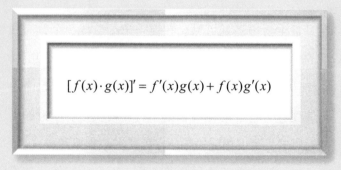

$$[f(x) \cdot g(x)]' = f'(x)g(x) + f(x)g'(x)$$

两个函数乘积的微分

< 作品解说 >

左侧的 $[f(x) \cdot g(x)]'$ 表示的是，对某两个可微的函数 $f(x)$ 和 $g(x)$ 相乘的式子整体求微分，其结果为右侧的 $f'(x)g(x) + f(x)g'(x)$。可将其解释为：（前函数求微分）×（后函数保留）+（前函数保留）×（后函数求微分）。

这就是对两个函数乘积的微分的解释。运用这一结果，我们能立即体会到乘积的微分有多么强大。利用万能钥匙求函数 $y=x^2$ 的微分，其结果为 $y'=2x$。我们也可以利用乘积的微分来求函数 $y=x^2$ 的微分。

$$\{x \times x\}' = (x)'x + x(x)' = 1 \times x + x \times 1 = 2x$$

利用这个方法，不断提高次数也能求出函数的微分。

对函数 $y=x^3$ 求微分，可得

$$\{x^2 \times x\}' = (x^2)'x + x^2(x)' = 2x \times x + x^2 \times 1 = 3x^2$$

对函数 $y=x^4$ 求微分，可得

$$\{x^3 \times x\}' = (x^3)'x + x^3(x)' = 3x^2 \times x + x^3 \times 1 = 4x^3$$

不断重复上述步骤，继续增加次数并求微分，我们能够推导出关于任意自然数 n 的 x^n 的微分，如下所示。

设函数 $f(x)=x^n$，则 $f'(x)=nx^{n-1}$。

综上所述，利用乘积的微分求得的结果与利用微分万能钥匙计算多项式函数的微分所得到的结果相同。不过，乘积的微分中包含的 f、g 函数不限于多项式函数，可适用于所有可微的函数。这正是函数乘积的微分的价值所在。我们再仔细研究一下函数乘积的微分。

"函数乘积的微分"的证明

请品读下面这首诗，以了解如何证明两个函数乘积的微分。

两个函数相乘所得函数的微分

微分的故事

已知两个可微的函数 $f(x)$ 和 $g(x)$，

如果要对这两个函数的乘积 $[f(x) \cdot g(x)]$ 求微分，

可将其代入导函数的定义 $\lim\limits_{h \to 0} \dfrac{f(x+h) - f(x)}{h}$ 中，可得

$$\lim\limits_{h \to 0} \dfrac{f(x+h)g(x+h) - f(x)g(x)}{h}。$$

将上式的分子加上 $f(x)g(x+h) - f(x)g(x+h)$，式子不变，

整理后得

$$\lim_{h \to 0} \frac{g(x+h)\{f(x+h)-f(x)\}+f(x)\{g(x+h)-g(x)\}}{h} \text{。}$$

根据导函数的基本结构，对上式进行整理可得

$$\lim_{h \to 0} g(x+h) \times \lim_{h \to 0} \frac{f(x+h)-f(x)}{h} +$$

$$f(x) \times \lim_{h \to 0} \frac{g(x+h)-g(x)}{h} \text{。}$$

最终等于 $f'(x)g(x)+f(x)g'(x)$。

"函数乘积的微分" 的应用

已知函数 $f(x)=(2x+5)(x^2+2x)$，要求 $f(x)$ 关于 x 的微分，无须展开多项式再求微分，我们可以直接利用函数乘积的微分，即

$$f'(x)=(2x+5)'(x^2+2x)+(2x+5)(x^2+2x)'$$

计算结果为 $f'(x)=2(x^2+2x)+(2x+5)(2x+2)$。

由此可见，用好函数乘积的微分不仅可以减少展开多项式的过程中可能出现的错误，还能缩短计算时间，因此在处理一些紧急问题时非常有用。

解读微分密码，透视函数

透视函数的密码

让我们复习一下透视函数的原理。在下图中，假设 $x=a$ 处的微分系数为 0，那么在区间 $x<a$ 上微分系数均为正数，在区间 $x>a$ 上微分系数均为负数。

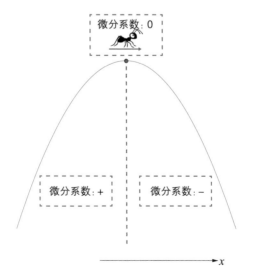

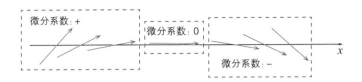

　　在 $x=a$ 处，微分系数为 0，当该点左右两侧的微分系数的符号由正变负时，函数图像上凸。进一步简化上述信息，列表如下。

表 1　微分信息的简化表示方法

x	$x<a$	$x=a$	$x>a$
$f'(x)$	+	0	−
$f(x)$	↗	极大值	↘

　　这张表概括了迄今为止我们所学的微分的概念。找到满足 $f'(x)=0$ 的 x 值（上表中为 $x=a$），考察该点左右两侧 $f'(x)$ 的符号，并将结果填入表中，就能推测 $f(x)$ 的形状。

表 2　进一步简化的微分密码

x	⋯	$x=a$	⋯
f'	+	0	−
f	↗	极大值	↘

如果我们能够熟练掌握微分密码表的制作方法，那么可以表达得更简练，如上表所示。如果不了解微分，那么它就像一堆密码。我们要学会亲自动手制作和解读微分密码表。如果已经正确理解了微分的概念和透视函数的原理，那么这样的微分密码将会变得非常实用。

极大值、极小值的几何特征

我们再进一步了解一下极大值和极小值的概念。仔细观察函数具有极大值和极小值的情形，可以发现具有以下特点。

图像的形状上凸或下凹。

上凸时 → 极大值

下凹时 → 极小值

上凸或下凹的情形在数学上可以表达为：在极大值点、极小值点处的切线斜率为0。

观察以下函数的极大值点（点 A）、极小值点（点 B）处切线的斜率。

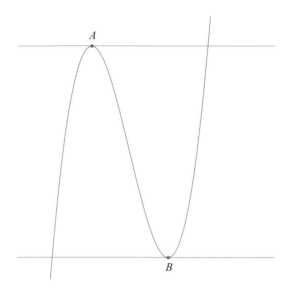

切线是斜率为 0 的水平线，如上图所示。

最后，对极大值、极小值的几何特征总结如下。

在极大值点和极小值点处，切线的斜率为 0。

当函数具有极大值和极小值时，极值点处的微分系数为 0。

透视二次函数

即使是知识水平不高的人，也能够绘制出二次函数的图像。不过，这里我们要利用微分进行练习。

练习：利用微分绘制 $f(x)=x^2-4x+3$ 的图像。

由于需要确定是否存在极值点，因此我们需要找出满足 $f'(x)=0$ 的点。

因为 $f'(x)=2x-4$，当 $x=2$ 时，$f'(x)=0$。利用这些信息可以制作以下的微分密码表。

x	$\cdots$	$x=2$	$\cdots$
f'	$-$	0	$+$
f	$\searrow$	极小值	$\nearrow$

通过考察 $f'(x)$ 在 $x=2$ 左右两侧的符号，可知 $x=2$ 为极小值点。此外，$f(0)=3$、$f(2)=-1$，综合以上信息能够推测出函数图像的形状，如下图所示。

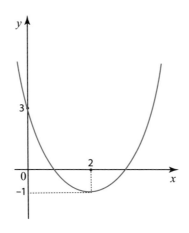

由此可知，正确制作微分密码表能透视函数。

解读微分密码的练习

请根据下面两项信息推测函数 $f(x)$ 的形状。

信息 1

x	$\cdots$	-1	$\cdots$	1	$\cdots$
f'	$+$	0	$-$	0	$+$
f					

信息 2

$$f(0)=0,\ f(-1)=2,\ f(1)=-2$$

如果不了解微分的概念、极大值和极小值的概念及如何表示微分符号等，那么上述这些信息看起来就像是一堆密码。

在信息 1 中，最重要的是有两个点 $x=-1$ 和 $x=1$ 都满足 $f'(x)=0$，且 $f'(x)$ 的符号在 $x<-1$ 的区间上为正、在 $-1<x<1$ 的区间上为负、在 $x>1$ 的区间上又再次变为正。根据这些信息，我们可以用箭头表示原函数 $f(x)$ 的变化趋势，结果如下表所示。

x	$\cdots$	-1	$\cdots$	1	$\cdots$
f'	+	0	−	0	+
f	↗	极大值，2	↘	极小值，−2	↗

综合信息 1 和信息 2，我们完全可以推测出函数 $f(x)$ 的形状，如下图所示。

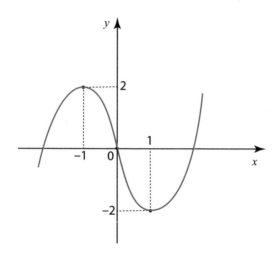

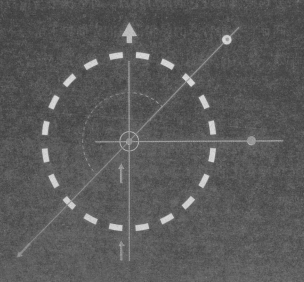

PART 4

微分故事产生变化

欧拉数 e 的魔法

下面，我们尝试运用数学方法求指数函数和对数函数的微分。对于指数函数，前面我们已经借助 GPS 微分蚂蚁研究过它的微分特点。对数函数与指数函数之间存在一种特殊的关联，我们先简单了解一下对数函数，然后再挑战计算上述两个函数的微分。

缓慢变化的对数函数

不同于指数函数的急剧变化，有一种函数用于表示缓慢变化的状态，这种函数就是对数函数，如下图所示。

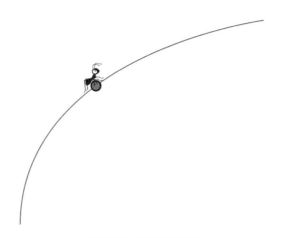

缓坡状的对数函数图像

对数并不是一个特别的概念，它是指数的另一种表现形式。我们通过下面的问题开启对数概念的研究。

当 $5^x=26$ 时，x 的值是多少呢？

我们很难找到满足这 ·条件的 x 值。解决这个问题需要借助新的数学概念，那就是"对数"的概念。

对数的定义是，当 $a>0$ 且 $a\neq1$、$b>0$ 时，$a^x=b\Leftrightarrow x=\log_a b$。

在 $\log_a b$ 中，a 叫作对数的底数、b 叫作真数。当

$5^x=26$ 时，求 x 的值，其准确答案是 $x=\log_5 26$。

对数的值是实数

$\log_5 26$ 的值大约是多少呢？如果使用计算器或者使用可以解该算式的程序，那么会得到一个小数，大约是 2.0244。

这是 $\log_5 26$ 的大概的值。使用计算器计算 $5^{2.0244}$，所得的数值约为 26.001。在这个过程中，可以确定的是 $\log_a b$ 的值是一个实数，实际上 $\log_5 26$ 的值是一个无理数。下面，我们可以为对数函数 $y=\log_a x$ 下定义了。

对数函数的底数和真数的约束条件

已知对数函数 $y=\log_a x$，其中 $a^y=x$，如果对数的底数 a 是 1 或负数，那么无法满足 y 是实数的条件。例如，在 $1^y=3$、$(-2)^y=3$ 等情况下，y 不可能是一个实数。此外，也不存在满足条件 $0^y=3$ 的实数 y。因此，要满足对数函数 y 为实数的条件，底数必须是非 1 的正实数。

当对数函数 $y=\log_a x$ 的真数 x 为负数或 0 时，也不满足对数的值为实数的条件。例如，$2^y=-3$、$2^y=0$，

满足这一条件的 y 值并不是实数。因此，真数 x 必须是正实数。

对数的基本运算法则

为了求对数函数的微分，我们先来了解一下对数的基本特点。最简单的对数运算法则如下。

$$\log_a a = 1, \log_a 1 = 0$$

（其中，$a > 0$ 且 $a \neq 1$）

已知指数的性质 $a^1 = a$、$a^0 = 1$，利用对数表示则为 $\log_a a = 1$、$\log_a 1 = 0$。由此可见，为了研究对数的运算法则，我们需要先回顾一下指数的运算法则。

同理，我们可以推导出其他的运算法则。已知 $a^x \cdot a^y = a^{(x+y)}$、$a^x \div a^y = a^{(x-y)}$、$(a^x)^n = a^{nx}$，现在，我们用对数的定义表示并整理上述的指数运算法则，可以得到以下的对数运算法则（其中，$a > 0$ 且 $a \neq 1$、$A > 0$、$B > 0$）。

同　底数的对数的加法，$\log_a A + \log_a B = \log_a AB$。

同一底数的对数的减法，$\log_a A - \log_a B = \log_a \dfrac{A}{B}$。

包含指数的对数的运算，$\log_a A^n = n\log_a A$。

最后，我们再思考一下互换底数和真数的运算法则，如下所示。

互换底数和真数的对数运算

$$\log_a b = \frac{1}{\log_b a} \quad （\text{其中，}b > 0 \text{ 且 } b \neq 1）$$

设 $\log_a b = x$，根据对数的定义可知 $a^x = b$。以 b（$b > 0$ 且 $b \neq 1$）为底数，同时对 $a^x = b$ 的两边取对数，则有 $\log_b a^x = \log_b b \Leftrightarrow x\log_b a = 1$，于是 $x = \dfrac{1}{\log_b a}$。由于前面已设 $\log_a b = x$，因此可知 $\log_a b = \dfrac{1}{\log_b a}$。

挑战指数函数的微分

指数函数的微分

微分的故事

为了求指数函数 $f(x)=a^x$（$a>0$ 且 $a\neq1$）的微分，

将其代入导函数的定义，

可得 $f'(x)=\lim\limits_{h\to0}\dfrac{a^{x+h}-a^x}{h}$。

以现有的知识，无法计算上式。

解释

我们再深入研究一下 $\lim$ 后面的式子 $\dfrac{a^{x+h}-a^x}{h}$。

当 a 为正数时，$\dfrac{a^{x+h}-a^x}{h}=\dfrac{a^x(a^h-1)}{h}$，于是

$$f'(x)=\lim\limits_{h\to0}\frac{a^{x+h}-a^x}{h}=\lim\limits_{h\to0}\frac{a^x(a^h-1)}{h}=a^x\times\lim\limits_{h\to0}\frac{a^h-1}{h}。$$

此时，如何计算 $\lim\limits_{h\to0}\dfrac{a^h-1}{h}$？

挑战对数函数的微分

对数函数的微分

微分的故事

已知 $y=\log_a x$，其中底数 $a>0$ 且 $a\neq 1$，

当真数 x 为正实数时，

求对数函数 $y=\log_a x$ 的微分。

根据导函数的定义，

有 $f'(x)=\lim\limits_{h\to 0}\dfrac{\log_a(x+h)-\log_a x}{h}$。

现在还没有找到计算这一算式的方法。

解释

利用对数运算法则整理如下。

$$\begin{aligned} f'(x)&=\lim_{h\to 0}\frac{\log_a(x+h)-\log_a x}{h}\\ &=\lim_{h\to 0}\frac{\log_a\left(\dfrac{x+h}{x}\right)}{h}\\ &=\lim_{h\to 0}\frac{1}{h}\log_a\frac{x+h}{x} \end{aligned}$$

$$= \lim_{h \to 0} \log_a \left(1 + \frac{h}{x} \right)^{\frac{1}{h}}$$

那么，如何求解最后的算式呢？

换句话说，$\lim\limits_{h \to 0} \left(1 + \dfrac{h}{x} \right)^{\frac{1}{h}}$ 将收敛于什么值呢？

微分美术馆作品4

虽然我们尝试了求指数函数和对数函数的微分，但是还没有将问题解决。如果利用微分万能钥匙进行计算，那么根据微分的目标函数的不同，计算过程可能简单，也可能像现在这样困难。为了求指数函数的微分，我们需要先计算 $\lim\limits_{h \to 0} \dfrac{a^h - 1}{h}$。求对数函数的微分，我们需要先计算 $\lim\limits_{h \to 0} \left(1 + \dfrac{h}{x}\right)^{\frac{1}{h}}$。我们需要找到计算这两种特殊的极限式的方法。为此，我们先来欣赏一下微分美术馆展出的第 4 件作品。这件作品中有提示。

$$\lim_{n \to +\infty} \left(1 + \frac{1}{n}\right)^n = e$$

欧拉数 e

< 作品解说 >

在作品中，我们可以看到 lim、某个式子和 e。在本书的微分美术馆展出的作品中，这幅作品是最抽象的。e 是一个无理数，也被称为欧拉数。欧拉（Euler）是 18 世纪杰出的数学家，他发现了一个奇妙的无理数，并用自己名字的首字母将其命名为 e。

欣赏上述作品的核心是理解欧拉数 e 具体是什么，以及该作品与指数函数、对数函数的微分之间存在什么关系。接下来，我们来看看对这件作品的详细解说。

数列的极限与欧拉数 e

接下来将通过数列说明欧拉数。数列是"一列有序的数"，先来看一个简单的数列。

$$1, 3, 5, 7, 9, \cdots$$

上面的数列罗列了以 1 开头的奇数。上述数列的第 n 项一定是 $2n-1$，它被称为一般项（a_n），即可以用一般项 $a_n = 2n-1$（n 为正整数）来表示上面的数列。

在学习微分的过程中，有一个数列是无法回避的。这个特别的数列与我们正在说明的欧拉数 e 有关。我们来看一看这个数列的一般项，如下所示。

$$a_n = \left(1 + \frac{1}{n}\right)^n$$

将正整数 n 代入该数列的一般项中，便可计算出第 n 项，如下所示。

当 $n=1$ 时，$a_1 = \left(1 + \frac{1}{1}\right)^1 = 2$。

当 $n=2$ 时，$a_2 = \left(1 + \frac{1}{2}\right)^2 = 2.25$。

当数列的一般项的 n 值逐渐增大时，如 10、100、1000 $\cdots$，计算 a_n 的值，结果如下表所示。

n	a_n（保留 9 位小数）
10	2.593742460
100	2.704813829
1000	2.716923932
10000	2.718145927
100000	2.718268237
1000000	2.718280469

在上表中，即使 n 的值变得非常大，$\left(1+\dfrac{1}{n}\right)^{n}$ 的值也没有呈现出无限增大的趋势。如果 n 趋于正无穷，那么上述数列的极限值会收敛于某个特定值吗？还是会无限增大呢？

$$\lim_{n\to+\infty}\left(1+\frac{1}{n}\right)^{n}=?$$

研究结果表明，上述数列的极限值不会无限增大，而是会收敛于某个特定值，其数值为一个无理数。这个无理数为 $2.718\cdots$，用伟大的数学家欧拉（Euler）的名字的首字母命名，称为"e"。

$$\lim_{n\to+\infty}\left(1+\frac{1}{n}\right)^{n}=\mathrm{e}$$

上述公式可以进行如下变形。

$$\lim_{n\to 0}(1+n)^{\frac{1}{n}}=\mathrm{e}$$

极限式转化为 n 趋于 0 的形式，但其结果仍然是 e。因为极限式的形式为 $(1+0)^{+\infty}$，其结构完全一致。再进一步深入思考，可以得出如下结果。

$$\lim_{n \to 0}\left(1+\frac{n}{a}\right)^{\frac{a}{n}} = e$$

如果 a 为非零的正实数，那么上述极限式的结果依然是欧拉数 e。令 $t = \frac{n}{a}$，当 n 趋于 0 时，t 的值也趋于 0，因此上述极限式可以转换为关于 t 的极限式，并能够确认其极限值为欧拉数 e。

$$\lim_{n \to 0}\left(1+\frac{n}{a}\right)^{\frac{a}{n}} = \lim_{t \to 0}(1+t)^{\frac{1}{t}} = e$$

欧拉数 e 是微分的魔法师

在对数 $\log_a x$ 中，将欧拉数 e 代入 a 的位置，可以得到 $\log_e x$，它被称为自然对数（natural logarithm），其定义如下。

底数为欧拉数 e 的对数 $\log_e x = \ln x$。

$$\ln e = \log_e e = 1$$

在指数函数和对数函数的微分故事中，$\ln x$ 是不可或缺的对数。如果能用好微分魔法师欧拉数 e，以及自然对数 $\ln x$ 的概念，那么就能够求指数函数和对数函数的微分了。

指数函数和对数函数的微分结果

由于现在还无法求出指数函数和对数函数的微分，因此我们在微分美术馆中仔细观察了作品"欧拉数 e"。如果能够正确地鉴赏这件作品，那么就能够求出上述两个函数的微分。

整理出现在指数函数微分中的极限式

根据欧拉数 e 和对数的性质，可以将 $\lim\limits_{h\to 0}\dfrac{a^h-1}{h}$ 整理如下。令 $t=a^h-1$，则 $a^h=1+t$，根据对数的定义，计算得到 $h=\log_a(1+t)$。当 $h\to 0$ 时，$t\to 0$，将这些全部代入 $\lim\limits_{h\to 0}\dfrac{a^h-1}{h}$，整理结果如下。

$$\lim_{h\to 0}\frac{a^h-1}{h}=\lim_{t\to 0}\frac{t}{\log_a(1+t)}=\lim_{t\to 0}\frac{1}{\dfrac{1}{t}\log_a(1+t)}$$

$$=\lim_{t\to 0}\frac{1}{\log_a(1+t)^{\frac{1}{t}}}=\frac{1}{\log_a e}=\log_e a=\ln a$$

根据这一结果，求指数函数 $f(x)=a^x$ 的微分，即得 $f'(x)=\lim\limits_{h\to 0}\dfrac{a^{x+h}-a^x}{h}=a^x\times\lim\limits_{h\to 0}\dfrac{a^h-1}{h}=a^x\ln a$。

整理出现在对数函数微分中的极限式

在求对数函数的微分的过程中，遇到了一个式子

$\log_a\left(1+\dfrac{h}{x}\right)^{\frac{1}{h}}$，将其真数部分变形为 $\left(1+\dfrac{h}{x}\right)^{\frac{1}{h}\times\frac{x}{x}}=\left(1+\dfrac{h}{x}\right)^{\frac{x}{h}\times\frac{1}{x}}$，

然后对其整理如下。

$$\lim_{h\to 0}\log_a\left(1+\frac{h}{x}\right)^{\frac{1}{h}}=\lim_{h\to 0}\log_a\left(1+\frac{h}{x}\right)^{\frac{x}{h}\times\frac{1}{x}}$$

$$=\lim_{h\to 0}\frac{1}{x}\log_a\left(1+\frac{h}{x}\right)^{\frac{x}{h}}=\frac{1}{x}\log_a e=\frac{1}{x\ln a}$$

求对数函数 $f(x)=\log_a x$ 的微分，其结果为 $f'(x)=$

$\dfrac{1}{x\ln a}$。

求指数函数和对数函数的微分，不仅用到了指数、对数的运算法则，而且欧拉数 e 的概念及 ln x 也都派上了用场。由此可见，只了解特定的函数本身，无法求指数函数和对数函数的微分。

下面，运用指数函数的微分结果和对数函数的微分结果，我们来做特别的想象实验。

想象实验 1

求指数函数 $f(x)=a^x$ 的微分，其结果为 $f'(x)=a^x\ln a$。

也就是说，求 a^x 关于 x 的微分，其结果为 $a^x\ln a$。这个结果还是挺神奇的，因为导函数中包含原函数。这也从数学层面证实了指数函数的图像与其导函数的图像具有相似之处。有关指数函数的图像与其导函数的图像具有相似之处，我们在前面已经进行过简单的讨论。

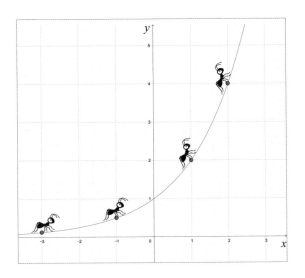

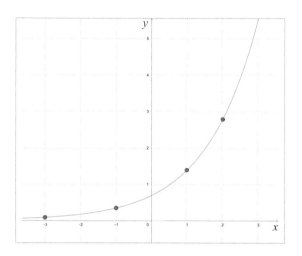

指数函数 $y=2^x$（上）的图像与其导函数（下）的图像很相似

这里有一个很有趣的想象实验，即在指数函数的微分结果中，用欧拉数 e 替换 a。

设 $f(x)=e^x$，则 $f'(x)=e^x\ln e=e^x$。

这个结果令人十分惊讶。求 e^x 关于 x 的微分，其结果还是 e^x。在函数 $y=e^x$ 的任意点处，切线的斜率即为该点的纵坐标值。例如，函数 $y=e^x$ 在点 $(5, e^5)$ 处切线的斜率为 e^5。此外，对 e^x 无限次求微分，其结果都是 e^x。函数 $y=e^x$ 是一个特殊的指数函数，即使微分也不改变其形状，它真是一个非常神奇的函数。从微分的角度来讲，在众多指数函数中，最特别的就是函数 $f(x) = e^x$。欧拉数 e 的魔法实在令人惊叹。

想象实验 2

对数函数 $f(x) = \log_a x$ 的微分结果为 $f'(x) = \dfrac{1}{x \ln a}$。

对数函数的微分结果也与欧拉数 e 有关。下面，我们做一个实验，先用欧拉数 e 替换对数函数的底数 a，再将自然对数函数 $y = \ln x$ 代入对数函数的微分公式中，如下所示。

根据 $y = \ln x$，可得 $y' = \dfrac{1}{x \ln e} = \dfrac{1}{x}$。

自然对数 $\ln x$ 关于 x 求微分，其结果为分式函数 $\dfrac{1}{x}$。乍看起来，似乎对数函数与分式函数之间毫无关联。然而，通过对自然对数进行微分，我们发现了这两个函数之间的秘密关联。

请仔细回想自然对数函数的微分结果，并阅读下面的新闻报道。

狗和人类的年龄

有一个"公式"可以将小狗的年龄换算成人类的年龄。

"16×ln(狗的年龄)+31 = 人类的年龄"，这个公式推翻了人们之前使用的"狗的年龄 ×7"的公式。

美国研究团队公布了新的换算方法：拉布拉多寻回猎犬 1 岁 = 人类 31 岁、拉布拉多寻回猎犬 2 岁 = 人类 42 岁……。

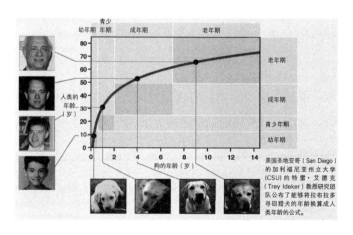

美国圣地亚哥（San Diego）的加利福尼亚州立大学（CSU）的特雷·艾德克（Trey Ideker）教授研究团队公布了能够将拉布拉多寻回猎犬的年龄换算成人类年龄的公式。

要进行狗的年龄换算，前提条件是假设狗和人类的衰老过程有所不同。例如，狗的 10 岁和人类的 10 岁是不同的。之前使用的公式是将狗的年龄乘以数字 7，就换算成了人类的年龄。不过，这是基于过时的统计数据得出的，已经不够准确了。美国圣地亚哥的加利福尼亚州立大学的特雷·艾德克教授研究团队在发布论文预印本的网站"生物预印本服务器"bioRxiv 上发表文章称："研究出了将狗的年龄换算成人类年龄的新公式。"

– 来源：先驱经济（Herald Economy）

2019 年 11 月 21 日

上述报道中提到的公式是"人类的年龄 =16ln（狗的年龄）+31"。我们已经学习了自然对数的概念，当狗的年龄为 1 岁时，ln1=0，换算成人类的年龄是 31 岁。由此可知，若狗的年龄为 x、人类的年龄为 y，则 $y=16\ln x+31$。

现在，对该式子求微分，可得 $y'=\dfrac{16}{x}$。因为其导函数为分式函数，所以当 x 增大时，导函数的值是逐渐减小的。接下来对上述导函数进行如下解释。

随着时间的推移（x 越大），相对于狗的年龄（x），人类年龄（y）的变化（y'）越来越小，即随着时间的流逝，人类衰老的速度相对于狗的衰老速度会更慢。

变形金刚和微分

如同电影《变形金刚》中的汽车变成机器人一般，当给出某个函数时，我们可以运用多种方法使其变成新的函数。下面，我们了解一下能够改变函数形态的工具——复合函数和反函数——并将它们与微分的概念联系起来进行讨论。

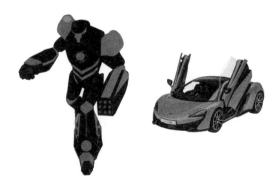

$$f \circ g, f^{-1}$$

在电影《变形金刚》中，变形金刚能够从汽车形态变成机器人形态，再从机器人形态变成汽车形态。函数也能够按照特定的需求进行变形。

已知 $y=(3x^2+1)^{100}$，如何求 y 关于 x 的微分

如果从多项式函数的角度着手解题，那么过程将会很复杂。我们需要展开 100 次幂，并对每一项分别求微分。如果有 $y=x^{100}$，那么我们可以求 y 关于 x 的微分。我们也可以求 $y=3x^2+1$ 的微分。$y=(3x^2+1)^{100}$ 是由两个已知的初等函数组成的，现在我们需要思考的是如何简便地求微分，也就是复合函数的微分法。

复合函数

复合函数是指将两个或两个以上的函数"复合"起来，构成一个新的函数。复合函数有特定的表示方式，我们需要正确地理解它。

已知有两个函数 $f(x)=x^{100}$ 和 $g(x)=3x^2+1$，请思考如何构造复合函数。

　　我们可以构造 $f \circ g$ 这一新的复合函数，此时在两个函数之间用圆圈"$\circ$"来表示复合关系。$f \circ g$ 是一个复合函数，它的功能是先运算函数 g，然后将运算结果作为函数 f 的输入值，再输出最终结果。复合函数 f 的输入值不是 x，而是 $g(x)$。在函数 $f(x)=x^{100}$ 的输入值 x 的位置上代入 $g(x)$ 的输出值 $3x^2+1$，即得 $(3x^2+1)^{100}$，概括如下。

　　$f \circ g$：先运算函数 g，再运算函数 f。
　　先将 x 输入到函数 g，则有 $x \rightarrow g \rightarrow 3x^2+1$，
　　再将 g 的输出值输入到函数 f，于是
　　$(3x^2+1) \rightarrow f \rightarrow (3x^2+1)^{100}$。

　　最终，初始输入值 x 在复合函数 $f \circ g$ 的作用下，得到输出值 $(3x^2+1)^{100}$。复合两个函数构成了具有新功能的函数。

$$(f \circ g)(x) = f(g(x)) = f(3x^2+1) = (3x^2+1)^{100}$$

反函数

　　在函数前面加上"反"字，"反"具有"相反"和"逆反"的意思。因此，反函数是对某个函数进行逆运算的函数，即原函数的输出值成了反函数的输入值，原函数的输入值成了反函数的输出值。反函数的表示方式如下。

$$f^{-1}(x)$$

　　f 的上标 -1 是其不同于原函数 f 的唯一标识。f 的上标 -1 表示它是函数 f 的反函数。

　　下图清晰地展示了反函数的功能。仔细观察下图可知，反函数 f^{-1} 具有将原函数 f 的输出值转换为输入值的功能。

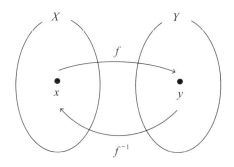

反函数 f^{-1} 具有将原函数 f 的输出值转换为输入值的功能

上图通过说明反函数的概念明确了反函数的定义，同时也说明了下面的概念。

$$(f \circ f^{-1})(x) = x, \ (f^{-1} \circ f)(x) = x$$

上面两个式子表明，将某个函数与该函数的反函数进行复合，其结果始终为初始输入值。这是研究反函数的微分时必须要用到的重要概念。

指数函数与对数函数关于 y=x 对称

我们可以利用反函数的概念重新整理前面讨论的指数函数与对数函数之间的关系。

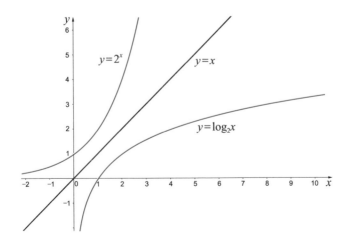

　　在上图中，当我们画出一个与指数函数 $y=2^x$ 关于 $y=x$ 对称的图像时，它也是对数函数 $y=\log_2 x$ 的图像。为什么会有这样的结果呢？根据对数的定义，当 $y=2^x$ 时，$x=\log_2 y$。如果调换 x 和 y（关于 $y=x$ 对称）的位置，则有 $y=\log_2 x$。我们可以利用反函数的概念重新整理这种情形。在指数函数 $y=2^x$ 中，输入值为 x、输出值为 y。由于反函数具有将输出值转换为输入值的功能，因此 $y=2^x$ 可以表示为 $x=2^y$，如果将其转换为一般形式 $y=f(x)$，则有 $x=2^y \Leftrightarrow y=\log_2 x$。使函数关于 $y=x$ 对称就是构造反函数的过程。简而言之，指数函数和对数函数关于 $y=x$ 对称，两个函数互为反函数。

野生的微分问题

我们将与微分相关的问题分为两大类：温室里的微分问题和野生的微分问题。温室里的微分问题可以比喻为能够利用已知的几种微分工具解决的问题，如导函数的定义、多项式函数的微分原理、指数函数和对数函数的微分公式等。与温室里的微分问题不同，野生的微分问题是指给出的函数形式是更复杂的情形。擅长微分意味着拥有一种自信的状态，不仅能解决简单的函数问题，而且即使遇到更复杂的函数也能不慌不忙地解决问题。为了解决复杂形式的微分，即野生的微分问题，我们需要学会正确使用多种微分工具。

解决野生的微分问题需要使用多种微分工具

复合函数的微分法

关于复合函数的微分

微分的故事

复合函数 $f(g(x))$ 的一般微分法是

将复合函数 $f(g(x))$ 代入导函数的定义中，

于是 $\dfrac{\mathrm{d}}{\mathrm{d}x}f(g(x)) = \lim\limits_{h \to 0}\dfrac{f(g(x+h)) - f(g(x))}{h}$ 。

等号右边的式子可以变形如下。

$$\lim_{h \to 0}\left[\frac{f(g(x+h))-f(g(x))}{g(x+h)-g(x)} \times \frac{g(x+h)-g(x)}{h}\right],$$

简而言之，它等于 $f'(g(x)) \times g'(x)$。

对复合函数 $f(g(x))$ 求微分，其结果为 $f'(g(x)) \times g'(x)$。

解释

将 $\lim\limits_{h \to 0}\dfrac{f(g(x+h))-f(g(x))}{h}$ 的分母和分子同时乘

以 $g(x+h)-g(x)$，整个式子不会受到任何影响。这是为

了构造出我们熟知的 $\dfrac{f(x+h)-f(x)}{(x+h)-x}$ 结构。

对 $\lim\limits_{h \to 0}\dfrac{f(g(x+h))-f(g(x))}{h}$ 变形的结果为

$$\lim_{h \to 0}\left[\frac{f(g(x+h))-f(g(x))}{g(x+h)-g(x)} \times \frac{g(x+h)-g(x)}{h}\right].$$

当 h 趋于 0 时，$\lim\limits_{h \to 0}\dfrac{f(g(x+h))-f(g(x))}{g(x+h)-g(x)}$ 等于

$f'(g(x))$。当 h 趋于 0 时，$\lim\limits_{h \to 0}\dfrac{g(x+h)-g(x)}{h}$ 等于 $g'(x)$。

复合函数的微分公式最终整理如下。

复合函数的微分公式

$$\left[f(g(x))\right]' = f'(g(x))g'(x)$$

我们终于可以利用上述复合函数的微分公式解决下面的微分问题了。

已知 $y=(3x^2+1)^{100}$，如何求 y 关于 x 的微分呢?

虽然我们已经学习了多项式函数的微分法，即当 $y=x^n$ 时，$y'=nx^{n-1}$，但是将上述多项式函数全部展开来求微分是不可取的。我们可以考虑使用复合函数的微分法求微分，如下所示。

设 $u=3x^2+1, y=u^{100}$，则
$$y'=100u^{99}\times(3x^2+1)'=100(3x^2+1)^{99}\times 6x=600x(3x^2+1)^{99}。$$

反函数的微分法

当可微函数 $f(x)$ 存在反函数 $g(x)$ 时，我们的目标是求出 $g(x)$ 的导函数，即 $g'(x)$。这里的核心是，对于

互为反函数的两个函数，等式 $(f \circ g)(x) = x$ 成立（在前面说明反函数的概念时提到过），即 $f(g(x)) = x$。该复合函数表示的是一种反函数关系，如果要求它关于 x 的微分，那么可以直接运用刚刚学习的复合函数的微分法。

已知 $f(g(x)) = x$，对其两边关于 x 求微分，有

$$\frac{\mathrm{d}}{\mathrm{d}x} f(g(x)) = \frac{\mathrm{d}}{\mathrm{d}x} x \iff f'(g(x)) \, g'(x) = 1$$

可知 $g'(x) = \dfrac{1}{f'(g(x))}$（其中，$f'(g(x)) \neq 0$）。

反函数的微分公式

$$g'(x) = \frac{1}{f'(g(x))} \quad （其中，f'(g(x)) \neq 0）$$

当某个函数 f 的微分容易求而其反函数 g 的微分不容易求时，反函数的微分法的价值就显现出来了。仔细观察求反函数的微分的过程，我们发现，它是将

复合函数的微分法直接应用于反函数定义上的结果。当函数 f 和函数 g 互为反函数时，即 $g=f^{-1}$ 时，有 $f \circ g(x) = x$，$g \circ f(x) = x$。因此，我们可以运用复合函数的微分法对式子进行整理。

不必特意将反函数的微分公式当作一个公式来记忆。只要仔细回想反函数的定义和特点，就能自然而然地推导出反函数的微分公式。

微分美术馆作品5

如果能够正确理解复合函数的微分法，那么将会极大地扩大可微函数的范围。我们一边在微分美术馆中静静地欣赏作品，一边重新整理它的含义吧！

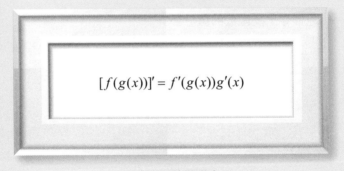

$$[f(g(x))]' = f'(g(x))g'(x)$$

复合函数的微分法

< 作品解说 >

请仔细欣赏作品。如果不了解复合函数的概念，就会觉得上式难以理解。$f(g(x))$ 是一个复合函数，输入自变量 x 后，先运算 $g(x)$，然后将运算结果代入函数 f 中，这是对它的处理方式。上述作品说明的正是对复合函数求微分 $[f(g(x))]'$ 的方法。右边展示的是

微分的结果，具体说明如下：将 $g(x)$ 代入函数 f 的微分结果中，再与 $g'(x)$ 相乘。

如果能够分别准确地求出函数 f 和函数 g 的微分，并且已经理解复合函数的概念，那么应用复合函数的微分法就不会有困难。其实，复合函数的微分法是充分利用导函数的定义推导出来的。此外，在计算反函数的微分时，也要用到复合函数的微分法。

掌握了复合函数的微分法意味着，即使利用多种方法对已知的函数进行组合，使其变得很复杂，也不难求出复合函数的微分。如果能够正确运用复合函数的微分法，那么对微分的掌握程度肯定会更上一层楼。

如果对作品进行了充分的鉴赏，你可能会想到反函数的微分法。无须把反函数的微分公式当作一个独立的微分公式，因为当两个函数互为反函数时，直接套用复合函数的微分公式即可。

二阶导数的几何意义

导函数用于确定函数上某点处的切线斜率。二阶导数是导函数的导函数，它描述的是切线的斜率如何变化。

请在曲线上放一只箭头微分蚂蚁，并思考二阶导数的符号。

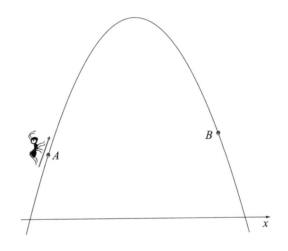

上述曲线的图像是上凸的。让箭头微分蚂蚁从点 A 移动到点 B，箭头是箭头微分蚂蚁留下的痕迹，它表示切线的斜率，也就是该点处的微分系数。从现在开始，我们借助二阶导数的概念研究箭头微分蚂蚁留下的箭头。

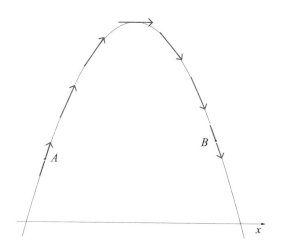

　　与导函数不同，二阶导数表示的是切线斜率的变化。从点 A 到点 B，x 的值逐渐增大，请仔细观察箭头微分蚂蚁留下的箭头。

　　我们发现，从点 A 到点 B，各处切线的斜率持续减小，只减不增。切线的斜率从始至终都呈现出减小的趋势。这表明，在点 A 到点 B 的区间内，二阶导数的符号为负。简而言之，在点 A 到点 B 的区间内，二阶导数 $f''(x) < 0$。

　　我们还可以用另一种方式表示这个结论：在 $f''(x) < 0$ 的区间内，曲线的图像是上凸的。由此可见，我们也可以利用二阶导数的符号来透视曲线的形状。

我们再来思考一下曲线下凹的情形。

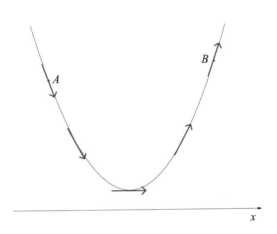

在点 A 到点 B 的区间内，当 x 的值增大时，切线的斜率呈递增的趋势，切线的斜率只增不减。我们还可以用另一种方式表示这个结论：在点 A 到点 B 的区间内，二阶导数 $f''(x) > 0$。因此，在 $f''(x) > 0$ 的区间内，曲线的图像是下凹的。

二阶导数和拐点

接下来，我们利用二阶导数研究下面的三次函数。

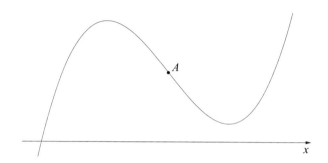

上面的图像先是上凸的，过了点 A 之后是下凹的。我们将箭头微分蚂蚁放在曲线上以观察切线斜率的变化，如下图所示。

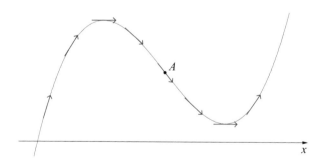

请思考切线斜率的变化，即二阶导数的变化。随着 x 值的增大，二阶导数先是逐渐减小（上凸部分），过了点 $A(a, f(a))$ 之后则呈现出递增的趋势（下凹部分）。

上述函数的二阶导数在点 A 之前 $f''(x)<0$、在点 A 之后 $f''(x)>0$。那么，点 A 处的二阶导数 $f''(a)$ 应取什么值呢？二阶导数的符号由负变正的瞬间，即 $f''(a)=0$。

这样的点 A 被称为**拐点**。在拐点处，二阶导数为 0，在拐点的左右两侧，二阶导数的符号相反。如果在点的左右两侧，二阶导数不变号，那么即使该点处的二阶导数为 0，也不能称该点为拐点。

正确透视三次函数

在此之前，在透视任意函数时，我们都是先求它的导函数，然后根据导函数的符号判断原函数是递增的还是递减的，以及是否存在极值点。在此基础上，再加上二阶导数和拐点的概念，我们能够更准确地透视函数。我们可以通过下面的例子正确透视三次函数。

请透视三次函数 $f(x)=2x^3-12x^2+18x-4$ 的图像

为了找到极值点，对函数求微分，可得

$$f'(x)=6x^2-24x+18=6(x^2-4x+3)=6(x-1)(x-3)。$$

当 x 取 1 和 3 时，满足 $f'(x)=0$，且 $x=1$ 和 $x=3$

左右两侧微分系数的符号为异号，所以 $x=1$ 和 $x=3$ 处有极值。

微分后的函数图像，即 $f'(x)=6x^2-24x+18=6(x-1)\cdot(x-3)$ 的图像为二次函数的图像，如下图所示。

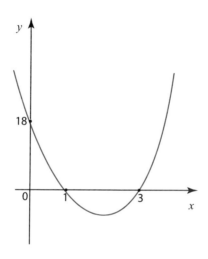

通过观察导函数的符号，我们可以获得绘制函数 $f(x)$ 的大致图像所需的信息。

$f'(x)=6x^2-24x+18$ 的符号情况如下。

$x<1$ 的区间上　　微分系数的符号均为正

$x=1$、$x=3$　　微分系数为 0

$1<x<3$ 的区间上　微分系数的符号均为负

$x>3$ 的区间上 微分系数的符号均为正

我们可以利用这些信息创建微分密码。我们将之前观察到的所有信息进行整理，结果如下表所示。

x	$\cdots$	1	$\cdots$	3	$\cdots$
f'	+	0	−	0	+
f	↗	极大值	↘	极小值	↗

在 $x=1$ 处三次函数 $f(x)$ 有极大值，在 $x=3$ 处三次函数 $f(x)$ 有极小值，代入 $f(x)=2x^3-12x^2+18x-4$ 中，即得 $f(1)=2-12+18-4=4$，$f(3)=54-108+54-4=-4$。同时，$f(0)=-4$。

再来看看三次函数 $f(x)$ 有没有拐点。

已知 $f'(x)=6x^2-24x+18$，对其求二阶导数，可得 $f''(x)=12x-24$，故满足二阶导数等于 0 的 x 值为 $12x-24=0 \Leftrightarrow x=2$。

由于在 $x=2$ 的前后区间，二阶导数 $f''(x)=12x-24$ 的符号由负变正，因此当 $x=2$ 时，$f(x)$ 具有拐点。

汇总以上所有信息可以透视 $f(x)=2x^3-12x^2+18x-4$ 的图像。

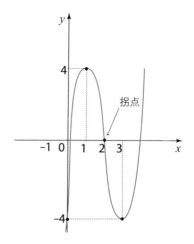

使用计算机准确地绘制上述函数的图像，如下图所示。

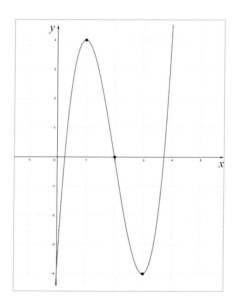

将微分透视获得的图像与计算机绘制的实际图像进行对比，我们发现，它们的主要信息和大致形状是一致的。

微分与积分的关系

我们快速学完了微分的基本概念、极限，以及多项式函数的微分、指数函数和对数函数的微分、反函数和复合函数的微分等内容，并且还掌握了利用微分透视函数的原理。至此，已经实现了本书的微分蚂蚁的故事预期的大部分目标。微分的基本概念已经深深地印在了我们的脑海中。

接下来，我们来看微积分的另一个核心——积分的概念。当然，我们将只讨论微分与积分之间的关系。

积分的概念涉及计算某个函数与坐标轴所围成的图形的面积，微分研究的是切线的斜率，似乎两者之间毫无关联。然而，令人惊讶的是，微分和积分之间的关系非常密切。我们一起研究一下看似毫无关联的两个概念是如何关联在一起的。

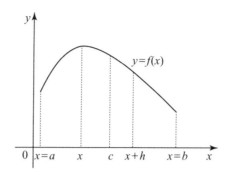

　　上述函数的定义域是 x 的值处于 a 到 b 的区间中，该函数是一个没有断点的连续函数。此时，x 轴上 a 到 b 之间的所有实数区间表示为 $[a, b]$，即可以将 $a \leqslant x \leqslant b$ 理解为 $[a, b]$。现在，我们的目标是计算给定函数在闭区间 $[a, b]$ 内与 x 轴所围成的图形的面积。这与积分直接相关。

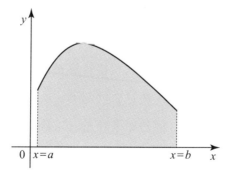

最终需要计算的面积是下方涂色区域的面积。在开始解决问题之前，我们设 $S(x)$ 为函数在区间 $[a, x]$ 内与 x 轴所围成的图形的面积，如下图所示。

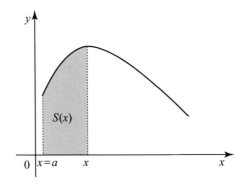

根据 $S(x)$ 的定义可知，$S(b)$ 为函数在区间 $[a, b]$ 内与 x 轴所围成的图形的面积，也就是最终需要计算的值。此外，由于 $S(a)$ 是函数在区间 $[a, a]$ 内与 x 轴所围成的图形的面积，因此 $S(a)=0$。

不过，我们没有办法直接计算 $S(x)$。同理，也无法计算 $S(b)$。如何解决这个问题呢？虽然目前没有任何线索，很迷茫，但是如果对 $S(x)$ 求微分，就会发生神奇的事情。我们先来求 $S(x)$ 关于 x 的微分。

根据微分的定义可知，$S'(x) = \lim\limits_{h \to 0} \dfrac{S(x+h) - S(x)}{h}$。

仔细观察 $\lim\limits_{h \to 0} \dfrac{S(x+h)-S(x)}{h}$ 的分子可知，它就是

下图中涂色部分的面积。

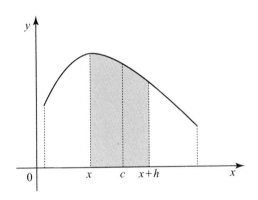

假设涂色部分的面积为 $h \times f(c)$，其中 $f(c)$ 是区间 $[x,$

$x+h]$ 内函数值的平均值，将它代入 $S'(x) = \lim\limits_{h \to 0} \dfrac{S(x+h)-S(x)}{h}$

中，可得

$$S'(x) = \lim\limits_{h \to 0} \dfrac{hf(c)}{h}$$

此时，当 h 趋于 0 时，c 收敛于 x，因此 $f(c)$ 一定

收敛于 $f(x)$。我们可以得出以下结果。

$$S'(x) = \lim_{h \to 0} \frac{hf(c)}{h} = \lim_{h \to 0} f(c) = f(x)$$

这个结果犹如被施了魔法一般。虽然我们不知道 $S(x)$ 的值，但发现其微分结果为已知函数 $f(x)$，即对一个"未知函数"求微分，竟然得到了"已知函数"。这一结果表明，微分概念并不只是简单地表示切线的斜率，它还与面积的计算有关。下面将出场的是**不定积分**的概念。

什么是不定积分

$$S'(x) = f(x)$$

上式可以这样理解，$S(x)$ 是我们要求的面积，对 $S(x)$ 求微分的结果必须是 $f(x)$。这个过程我们称之为"不定积分"。正确理解微分与不定积分之间的关系非常重要。我们通过下面的例子了解微分与不定积分之间的关系。

微分的概念：x^2 的微分结果为 $2x$。

不定积分的概念：求 $2x$ 的不定积分，其结果为

x^2+C。

在 x^2+C 中，C 为积分常数。由于常数的微分结果始终为 0，因此在求不定积分时，需要无条件地加上它。

微分的概念：当 $f(x)=x^2$ 时，$f'(x)=2x$。

不定积分的概念：$\int 2x\mathrm{d}x = x^2 + C$。

为了介绍不定积分，新的符号应运而生。

$\int$ 是表示不定积分的数学符号。

$$\int f(x)\mathrm{d}x = F(x)+C$$

让我们详细地了解一下上式的含义。

$\int$：积分符号，用于求不定积分。

$f(x)$：积分符号后面的函数，它是被积函数。

$\mathrm{d}x$：当与积分符号一起使用时，表示关于 x 求积分。

$F(x)$：求 $f(x)$ 的不定积分的结果，即 $F'(x)=f(x)$。

C：积分常数，常数的微分结果为 0，它是不定积分不可或缺的一部分。

了解不定积分与定积分之间的关系

因为我们已经学习了不定积分的概念，所以终于可以处理 $S'(x)=f(x)$ 这样的式子了，即对 $f(x)$ 求不定积分，可以得出 $S(x)$。对 $S'(x)=f(x)$ 的两边同时求不定积分，可得

$$\int S'(x)\mathrm{d}x = \int f(x)\mathrm{d}x = F(x)+C$$

求 $f(x)$ 的不定积分的结果为 $F(x)+C$。因为 $S(x)$ 也是对上式求不定积分的结果，所以可知 $S(x)=F(x)+C$。我们能够根据初始条件 $S(a)=0$ 计算出积分常数 C 的值。

由于 $S(a)=F(a)+C=0$，因此 $C=-F(a)$。

因为 $C=-F(a)$，所以 $S(x)=F(x)-F(a)$。我们最终要求的是 $S(b)$ 的值，因此 $S(b)=F(b)-F(a)$。这一过程我们称之为"定积分"。在不定积分的概念中，代入满足积分常数 C 的条件并进行运算，这便是定积分的概念。

上述定积分表示如下。

$$S(b) = \int_a^b f(x)\mathrm{d}x = F(x)\Big|_a^b = F(b) - F(a)$$

我们详细解释一下上述定积分的表达式。

$$\int_a^b f(x)\mathrm{d}x$$

解释

上式表示在闭区间 $[a, b]$ 内，求 $f(x)$ 的定积分，其中 a 为"积分下限"、b 为"积分上限"。

$$F(x)\Big|_a^b = F(b) - F(a)$$

解释

求 $f(x)$ 的不定积分得到函数 $F(x) + C$，$F(x)\Big|_a^b = F(b) - F(a)$。

上述有关不定积分和定积分的核心内容可以概括如下。

- 利用定积分可以计算出某个函数与坐标轴所围成的图形的面积。
- 求定积分得到的不是函数，而是某个计算结果，具有实数值。
- 能求不定积分才能求定积分。
- 求不定积分得到的是函数。
- 不定积分是微分的逆运算。

通过仔细分析可知，计算某个函数的曲线与坐标轴所围成的图形的面积与微分有关。因为不定积分是微分的逆运算，所以只有能求不定积分才能求定积分，利用定积分能够计算由复杂曲线与坐标轴所围成的图形的面积。本书用下面这句话表明微分概念的重要性。

"如果不懂微分，就不能够正确地求积分。"

微分美术馆作品6

　　微分美术馆展出的最后一件作品是"定积分的定义"。积分故事和微分故事一样多。定积分是积分故事的起点，我们以介绍定积分的定义结束本书的叙述。

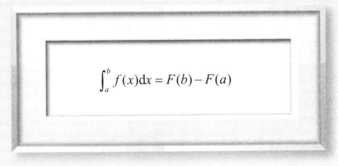

定积分的定义

< 作品解说 >

　　积分并不是与微分相去甚远的概念，两者之间存在密切的联系。某个函数在区间 $[a, b]$ 内求定积分意味着什么呢？如果只是简单地将其理解为面积的计算，显然是不准确的。定积分的准确含义到底是什么呢？

　　对定积分 $\int_a^b f(x)\mathrm{d}x$ 严谨的说明是，它表示区间

[a, b] 内所有函数值的总和。如前所述，先求 $f(x)$ 的不定积分，得到函数 $F(x)+C$，然后代入 a、b 的值，计算 $F(b)-F(a)$，这才是最终结果。

定积分的结果等于积分区间内函数值的总和

我们借助简单的图像了解定积分的正确含义。

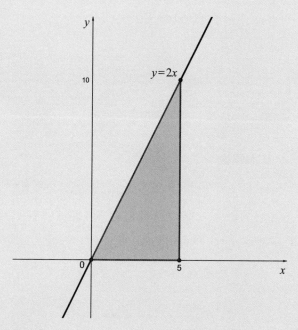

利用定积分计算 $y=2x$ 与 $x=5$ 及 x 轴所围成的三角形的面积

请思考，由 $(0, 0)$, $(5, 0)$, $(5, 10)$ 3 个点围成的三角形的面积。此时，我们可以轻松地计算出该三角形的面积是 $5 \times 10 \div 2 = 25$。接下来，我们利用刚才学习的积分的概念再计算一遍。

为了计算三角形的面积，我们先给出定积分的表达式。

$$\int_a^b f(x)\mathrm{d}x$$

其中，$f(x) = 2x$，积分下限为 $a = 0$、积分上限为 $b = 5$，因此上述表达式可以整理如下。

$$\int_0^5 (2x)\mathrm{d}x$$

下面，我们计算上述定积分。应该先求 $2x$ 的不定积分，我们知道 x^2 关于 x 的微分结果为 $2x$。因此，$2x$ 的不定积分为 $x^2 + C$。最终，上式的计算结果如下。

$$\int_0^5 (2x)\mathrm{d}x = x^2 \Big|_0^5 = 25 - 0 = 25$$

通过简单计算得出的结果与利用定积分计算得出的结果完全一致。在相同的条件下，再做两个实验。首先，思考由 3 个点 (0, 0), (−5, 0), (−5, −10) 围成的三角形的面积，如下图所示。显然，该三角形的面积同样是 25。

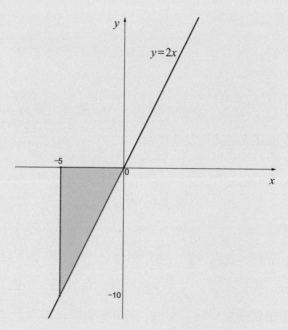

在积分区间 −5 至 0 之间的定积分结果为负数

为了练习求积分，我们使用定积分来进行计算。将

$f(x) = 2x$、$a = -5$、$b = 0$ 代入定积分的表达式 $\int_a^b f(x)\mathrm{d}x$ 中，可得

$$\int_{-5}^{0} (2x)\mathrm{d}x = x^2 \Big|_{-5}^{0} = 0 - 25 = -25$$

计算结果为 -25，是一个负数。这一结果是正确理解定积分的关键。从图像中可以看出，$y = 2x$ 的函数值在积分区间 $[-5, 0]$ 内均为负数。

由此可知，定积分的计算结果为积分区间内所有函数值的总和。在区间 $[-5, 0]$ 内，三角形的面积应为 25。面积的计算结果一定是正数，即只有在积分区间内的函数值均为正数时，才能直接将定积分的计算结果视为面积。

由于在积分区间 $[0, 5]$ 内，$y = 2x$ 的函数值均为正数，因此可以直接将定积分的计算结果视为面积。最后，我们思考以下情形。

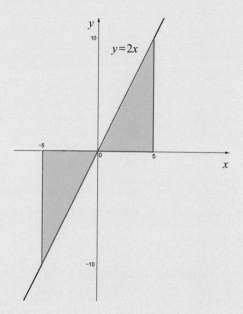

在积分区间 $[-5, 5]$ 内，定积分的计算结果会如何？

对于同一个函数，在积分区间 $[-5, 5]$ 内，其定积分的计算结果应为 0，因为我们已经知道，定积分的计算结果是积分区间内所有函数值的总和。由于在区间 $[-5, 0]$ 内，定积分的计算结果为 -25，在区间 $[0, 5]$ 内，定积分的计算结果为 25，因此在区间 $[-5, 5]$ 内，定积分的计算结果为 0，如下所示。

$$\int_{-5}^{5} (2x)\mathrm{d}x = x^2 \Big|_{-5}^{5} = 25 - 25 = 0$$

后记

阅读完这本书，如果你感觉自己的能力得到了显著的提升，如能够运用数学方法说明微分的概念、能够求出初等函数的微分等，那么这对我来说无疑是最大的幸福。

当我决定写一本能够通俗易懂地介绍微分的书时，令我左右为难的是"书中的算式要达到什么难度"。既然要通俗易懂，就不能有太多算式，算式越多可读性可能越低。可是，不使用算式还要对微分进行详细的说明，势必会成为浮于表面的徒劳之举。

我尽最大努力在这两种冲突中寻求平衡。故事一开始登场的"微分蚂蚁"这种虚拟工具是我为了避免使用算式，更亲切地说明微分的概念而冥思苦想出来的。书中有一个部分是"蚂蚁摆脱极限情形的方法"，它表示从此以后我们可以使用数学的表达方式说明微分，无须再借助微分蚂蚁了。

"微分万能钥匙"的准确数学术语是"导函数的定

义"。若要论哪一个概念能够从头到尾贯穿于微分的学习，那一定是"导函数的定义"。因此，为了强调这一点，本书使用了"微分万能钥匙"这一表述。介绍它时不能像对待普通的数学符号一样平凡，因为微分万能钥匙是由牛顿和莱布尼茨这两位优秀的天才经过深思熟虑，各自运用独立的方法发现的。

为了凸显微分万能钥匙的特别之处，我选择了"微分美术馆"这样一个虚拟的空间进行作品的展示。我的初衷是，使它完全区别于学习数学的过程中遇到的许许多多的数学公式。我希望你在这里心生一个疑问："明明正在学习微分，怎么突然到了美术馆？"在阅读本书的过程中，如果能够激发一些惊奇和更浓厚的兴趣，这本身也是一种很大的收获。

微分美术馆展示的 6 件作品并不是特定函数的微分公式，而是用于说明最基本的微分原理的概念。我建议你做一些练习，即在这个虚拟的美术馆中，展出自己独有的微分概念。例如，本书中没有涉及的三角函数的微分公式、具体函数的微分公式等，或者从本书的各个辅助图像或其他微分图像中选出自己中意的，时常拿出来欣赏。

微分的世界宏大且多样，本书只是介绍其一隅的入门书。如果你能够以轻松的心情顺利理解并掌握本书的内容，我将不胜感激。如果有读者朋友对具体算式的推导过程、个别函数概念的简要说明等内容不满意，我感到很抱歉。我从一开始就没有为了囊括所有与微分相关的内容而使本书变得越来越厚的贪念，这算是我的一个辩解，还望你能够谅解。

最后，特别感谢李教淑总编和金英善总经理为本书的出版给予无微不至的帮助。

版 权 声 明